全国高等医学院校配套实验教材

无机化学实验指导

主　编　海力茜·陶尔大洪
副主编　王　岩　孙　莲　姚　军
编　者　哈及尼沙　李改茹　张　烜　艾尼娃尔

科　学　出　版　社

北　京

内 容 简 介

本书为全国高等医学院校教材《无机化学》的配套实验教材,包括实验总则与实验内容两大部分。在实验内容中包括 26 个实验。

本书适合高等医学院校各专业学生使用。

图书在版编目(CIP)数据

无机化学实验指导/海力茜·陶尔大洪主编. —北京:科学出版社,2007
(全国高等医学院校配套实验教材)

ISBN 978-7-03-017941-8

Ⅰ.无… Ⅱ.海… Ⅲ.无机化学–化学实验–医学院校–教学参考资料
Ⅳ.061-33

中国版本图书馆 CIP 数据核字(2006)第 100816 号

责任编辑:胡治国 夏 宇 李国红/责任校对:胡小洁
责任印制:徐晓晨/封面设计:黄 超

科 学 出 版 社 出版
北京东黄城根北街 16 号
邮政编码:100717
http://www.sciencep.com

北京厚诚则铭印刷科技有限公司 印刷
科学出版社发行 各地新华书店经销

*

2007 年 1 月第 一 版 开本:B5(720×1000)
2016 年 3 月第三次印刷 印张:7
字数:127 000

定价:19.80 元
(如有印装质量问题,我社负责调换)

前　　言

　　本书是与全国高等医学院校教材《无机化学》配套而编写的实验教材。无机化学实验是学习无机化学的重要环节,本书的主要任务和达到的目的就是通过实验,使学生巩固和加深对无机化学基本理论和基本知识的理解,训练学生正确地掌握化学实验的基本方法和规范化实验操作技能,从而培养学生严谨的科学态度,求实的实验作风和分析解决问题的独立工作能力。

　　本书特点是注重强调理论知识的应用和实际动手能力的培养。详述了每个实验的目的要求,实验内容,编入了一些训练思维及工作能力的思考题,为后续各门实验课打下良好的基础。

　　本实验教材在内容选材上注意科学性、实用性和预见性,在实验内容的编排上注意与理论教材结合,内容精炼,力求准确。内容包括两大部分。第一部分为实验总则,介绍实验规则,实验室安全守则及事故处理,无机化学实验常用仪器介绍,无机化学实验基本操作和数据记录及处理;第二部分为实验内容,选编了26个实验,包括基本理论的验证、综合实验、化合物的制备和设计实验等内容。

　　限于我们的水平,书中一定有谬误之处,我们恳切地希望老师和同学在试用后能提出更多的宝贵意见和建议。

编　者

2006 年 5 月

目　　录

第一部分　实　验　总　则

一、实验室规则

1. 实验前必须认真预习,明确实验的目的要求,弄清有关基本原理、操作步骤、方法以及安全注意事项,做到心中有数,有计划地进行实验。

2. 进入实验室必须穿工作服。在实验过程中应保持安静,做到认真操作,细致观察,积极思考,并及时、如实记录实验现象和实验数据。

3. 爱护国家财产,小心使用仪器和设备,节约药品水和电。

4. 实验台上的仪器应整齐地摆放在一定的位置,并保持台面的整洁。不得将废纸、火柴梗、破损玻璃仪器等丢入水池,以免堵塞。

5. 使用精密仪器时,必须严格按照操作规程进行操作。如发现仪器有异常,应立即停止使用并报告指导老师,及时排除故障。

6. 实验后,应将所用仪器洗净并整齐地放回实验柜内。如有损坏,必须及时登记补领。由指导老师检查并在原始记录本上签字后,方可离开实验室。

7. 每次实验后,由学生轮流值日,负责打扫和整理实验室,并检查水、电开关、门及窗是否关紧,以保持实验室的整洁和安全。

8. 做完实验后,应根据原始记录,联系理论知识,认真处理数据,分析问题,写出实验报告,按时交指导老师批阅。

二、实验室安全守则及事故处理

化学实验中常常会接触到易燃、易爆、有毒、有腐蚀性的化学药品,有的化学反应还具有危险性,且经常使用水、电和各种加热灯具(酒精灯、酒精喷灯和煤气灯等)。因此,在进行化学实验时,必须在思想上充分重视安全问题。实验前充分了解有关安全注意事项,实验过程中严格遵守操作规程,以避免事故发生。

(一) 安全守则

1. 凡产生刺激性的、恶臭的、有毒的气体(如 Cl_2、Br_2、HF、H_2S、SO_2、NO_2、CO 等)的实验,应在通风橱内(或通风处)进行。

2. 浓酸、浓碱具有强腐蚀性,使用时要小心,切勿溅在衣服、皮肤及眼睛上。稀释浓硫酸时,应将浓硫酸慢慢倒入水中并搅拌,而不能将水倒入浓硫酸中。

3. 有毒药品(如重铬酸钾、铅盐、钡盐、砷的化合物、汞的化合物,特别是氰化物)不能进入口内或接触伤口。也不能将其随便倒入下水道,应按教师要求倒入指定容器内。

4. 加热试管时,不能将管口朝向自己或别人,也不能俯视正在加热的液体,以防液体溅出伤人。

5. 不允许用手直接取用固体药品。嗅闻气体时,鼻子不能直接对着瓶口或试管口,而应用手轻轻将少量气体扇向自己的鼻孔。

6. 使用酒精灯,应随用随点,不用时盖上灯罩。严禁用燃着的酒精灯点燃其他的酒精灯,以免酒精流出而失火。

7. 使用易燃、易爆药品,严格遵守操作规程,远离明火。

8. 绝对不允许擅自随意混合各种化学药品,以免发生意外事故。

9. 水、电、煤气使用完毕应立即关闭。

10. 实验室内严禁吸烟、饮食。实验结束,洗净双手,方可离开实验室。

(二) 事故处理

1. 割伤 立即用药棉揩净伤口,用碘酒涂抹并包扎;伤口内若有玻璃碎片,须先挑出,然后敷药包扎;若伤口过大,应立即到医务室治疗。

2. 烫伤 在烫伤处抹上黄色的苦味酸溶液或烫伤膏,切勿用水冲洗。

3. 吸入有毒气体 吸入硫化氢气体,应立即到室外呼吸新鲜空气;吸入氯气、氯化氢气体时,可吸入少量酒精和乙醚的混合蒸气使之解毒;吸入溴蒸气时,可吸入氨气和新鲜空气解毒。

4. 酸蚀伤 立即用大量水冲洗,然后用饱和碳酸氢钠溶液或稀氨水冲洗,最后再用水冲洗。

5. 碱蚀伤 立即用大量水冲洗,然后用硼酸或稀醋酸冲洗,最后再用水冲洗。

6. 白磷灼伤 用 1% 硫酸铜或高锰酸钾溶液冲洗伤口,然后包扎。

7. 毒物入口内 把 5~10ml 稀硫酸铜溶液(约 5%)加入一杯温水中,内服,然后用手指伸入咽喉,促使呕吐,并立即送医院。

8. 触电 立即切断电源。必要时进行人工呼吸。

9. 起火 立即灭火,并要防止火势蔓延(如切断电源,移走易燃物质等)。灭火的方法要根据起火原因采用相应的方法。一般的小火可用湿布、石棉布覆盖燃烧物灭火。火势大时可使用泡沫灭火器。但电器设备引起的火灾,只能用四氯化碳灭火器灭火。实验人员衣服着火时,切勿乱跑,应赶快脱下衣服,用石棉布覆盖着火处,或者就地卧倒滚打,也可起到灭火的作用。火势较大,应立即报火警。

三、无机化学实验常用仪器介绍(表 1-1)

表 1-1　无机化学实验常用仪器

仪器	规格	用途	注意事项
烧杯	以容积(ml)大小表示。外形有高、低之分	用作反应物量较多时的反应容器。反应物易混合均匀	加热时应放置在石棉网上,使受热均匀
圆底烧瓶	以容积(ml)表示	用于反应物多,且需长时间加热时的反应容器	加热时应放置在石棉网上使受热均匀
锥形瓶	以容积(ml)表示	反应容器。振荡方便,适用于滴定操作	加热时应放置在石棉网上使受热均匀

仪器	规格	用途	注意事项
试管　离心试管	分硬质试管、软质试管、普通试管、离心试管。普通试管以管口外径（mm）×长度（mm）表示。离心试管以体积（ml）表示	用作少量试剂的反应容器。便于操作和观察。离心试管还可用作定性分析中的沉淀分离	可直接用火加热。硬质试管可以加热至高温。加热后不能骤冷,特别是软质试管更易破裂。离心试管只能用水浴加热
量筒　量杯	以所度量的最大容积(ml)表示	用于度量一定体积的液体	不能加热,不能用作反应容器
容量瓶	以刻度以下的容积（ml）表示	用来配制准确浓度的溶液	不能加热。磨口塞是配套的,不能互换

仪器	规格	用途	注意事项
滴瓶　　细口瓶　　广口瓶	以容积(ml)表示	广口瓶用于盛放固体药品;滴瓶、细口瓶用于盛放液体药品;不带磨口塞子的广口瓶可作集气瓶	不能直接用火加热,瓶塞不能互换,如盛放碱液时,要用橡皮塞,不能用磨口瓶塞,以免时间长了,玻璃磨口瓶被腐蚀粘牢
表面皿	以口径(mm)表示	盖在烧杯上,防止液体溅出或其他用途	不能直接用火加热
漏斗　　　长颈漏斗	以口径(mm)表示	用于过滤等操作。长颈漏斗特别适用于定量分析中的过滤操作	不能直接用火加热
吸滤瓶　　　布氏漏斗	吸滤瓶以容积(ml)表示。布氏漏斗为瓷质,以容量(ml)或口径(mm)表示	两者配套用于晶体或沉淀的减压过滤。利用水泵或真空泵降低吸滤瓶中压力,以加速过滤	不能用火直接加热

仪器	规格	用途	注意事项
蒸发皿	以容量(ml)或口径(mm)表示。有瓷、石英、铂等不同质地	蒸发液体用。随液体性质不同可选用不同质地的蒸发皿	能耐高温,但不宜骤冷。蒸发溶液时,一般放在石棉网上加热。也可直接用火加热
坩埚	以容积(ml)表示。有瓷、石英、铁、镍或铂等不同质地	灼烧固体时用。随固体性质不同可选用不同质地的坩埚	可直接用火灼烧至高温,但不宜骤冷。灼热的坩埚不要直接放在桌上(可放在石棉网上)
石棉网	由铁丝编成,中间涂有石棉,有大小之分	加热时,垫上石棉网能使受热物体易均匀受热,不致造成局部过热	不能与水接触。以免石棉脱落或铁丝锈蚀
移液管 吸量管 27ml 20℃	以刻度以下的容积(ml)表示	用于准确地移取一定体积的液体	未标明"吹"字的容器,不要将残留在尖嘴内的液体吹出,因为校正容量时,未考虑这一滴液体

续表

仪器	规格	用途	注意事项
滴定管	以刻度以下的容积（ml）表示。分"酸式"和"碱式"两种	滴定时准确测量溶液的体积	使用前应检查旋塞是否漏液,转动是否灵活

四、无机化学实验基本操作

(一) 玻璃仪器的洗涤和干燥

1. 仪器的洗涤　无机化学实验经常使用各种玻璃仪器,而这些仪器是否干净,常常影响到实验结果的准确性。因此,在进行实验时,必须把仪器洗涤干净。

洗涤仪器的方法应根据实验要求、污物的性质、沾污的程度和仪器的特点来选择。

(1) 水洗:将玻璃仪器用水淋湿后,借助毛刷刷洗仪器。如洗涤试管时可用大小合适的试管刷在盛水的试管内转动或上下移动。但用力不要过猛,以防刷尖的铁丝将试管戳破。这样既可以使可溶性物质溶解,也可以除去灰尘,使不溶物脱落。但洗不去油污和有机物质。

(2) 洗涤剂洗:常用的洗涤剂有去污粉和合成洗涤剂。用这种方法可除去油污和有机物质。

(3) 铬酸洗液:铬酸洗液是重铬酸钾和浓硫酸的混合物。有很强的氧化性和酸性,对油污和有机物的去污能力特别强。

仪器沾污严重或仪器口径细小(如移液管、容量瓶、滴定管等),可用铬酸洗液洗涤。

　　用铬酸洗液洗涤仪器时,先往仪器(碱式滴定管应先将橡皮管卸下,套上橡皮头。仪器内应尽量不带水分以免将洗液稀释)内加入少量洗液(约为仪器总容量的1/5),使仪器倾斜并慢慢转动,让其内壁全部被洗液润湿,再转动仪器使洗液在仪器内壁流动,转动几圈后,把洗液倒回原瓶。然后用自来水冲洗干净,最后用蒸馏水冲洗3次。根据需要,也可用热的洗液进行洗涤,效果更好。

　　铬酸洗液具有很强的腐蚀性,使用时一定要注意安全,防止溅在皮肤和衣服上。

　　使用后的洗液应倒回原瓶,重复使用。如呈绿色,则已失效,不能继续使用。用过的洗液不能直接倒入下水道,以免污染环境。

　　必须指出,能用别的方法洗干净的仪器,尽量不要用铬酸洗液洗,因为 Cr(Ⅵ)具有毒性。

　　(4) 特殊污物的洗涤:如果仪器壁上某些污物用上述方法仍不能去除时,可根据污物的性质,选用适当试剂处理。如沾在器壁上的二氧化锰用浓盐酸;沾有硫磺时用硫化钠;银镜反应沾附的银可用 6mol/L 硝酸处理等。

　　仪器用自来水洗净后,还需用蒸馏水洗涤二、三次,洗净后的玻璃仪器应透明,不挂水珠。已经洗净的仪器,不能用布或纸擦拭,以免布或纸的纤维留在器壁上沾污仪器。

　　2. 仪器的干燥

　　(1) 晾干:不急等用的仪器在洗净后可以放置在干燥处,任其自然晾干。

　　(2) 吹干:洗净的仪器如需迅速干燥,可用干燥的压缩空气或电热吹风直接吹在仪器上进行干燥。

　　(3) 烘干:洗净的仪器放在电烘箱内烘干,温度控制在100℃以下。

　　(4) 烤干:烧杯、蒸发皿等能加热的仪器可以置于石棉网上用小火烤干。试管可以直接在酒精灯上用小火烤干,但必须使试管口倾斜向下,以免水珠倒流试管炸裂。

　　(5) 有机溶剂干燥:带有刻度的计量仪器,不能用加热的方法进行干燥,加热会影响仪器的精密度。可以在洗净的仪器中加入一些易挥发的有机溶剂(常用的是乙醇或乙醇与丙酮体积比为1:1的混合液),倾斜并转动仪器,使器壁上的水与有机溶剂混合,然后倒出,少量残留在仪器中的混合液很快挥发而使仪器干燥。

(二) 酒精灯的使用

　　酒精灯是无机化学实验室最常用的加热器具,常用于加热温度不需太高的实验,其火焰温度在400~500℃。使用时应注意以下几点:

　　1. 乙醇不可装得太满,一般不应超过灯容积的2/3,也不能少于1/5。添加乙醇时应先将火熄灭。

2. 点燃酒精灯时,切勿用已燃着的酒精灯引燃。

3. 熄灭酒精灯时,要用灯罩盖熄,不可用嘴吹。为避免灯口炸裂,盖上灯罩使火焰熄灭后,应再提起灯罩,待灯口稍冷后再盖上灯罩。

4. 酒精灯连续使用时间不能太长,以免酒精灯灼热后,使灯内乙醇大量气化而发生危险。

(三) 试剂的取用

化学试剂根据杂质含量的多少,可以分为优级纯(一级,GR)、分析纯(二级,AR)、化学纯(三级,CP)和实验试剂(四级,LR)四种规格。根据实验的不同要求,可选用不同级别的试剂。在无机化学实验中,常用的是化学纯试剂,只有在个别实验中使用分析纯试剂。

在实验室,固体试剂一般装在广口瓶内;液体试剂盛放在细口瓶或滴瓶内;见光易分解的试剂盛放在棕色瓶内。每个试剂瓶上都贴有标签,标明试剂的名称、浓度和配制日期。

1. 固体试剂的取用

(1) 固体试剂要用干净的药匙取用。一般药匙两端分别为大小两个匙,可根据用量多少选用。用过的药匙必须洗净晾干后才能再使用,以免沾污试剂。

(2) 取用试剂时,瓶盖要倒置实验台上,以免污染。试剂取用后,立即盖紧瓶盖,避免盖错。

(3) 取药时不要超过指定用量。多取的试剂,不能倒回原瓶,可放在指定容器中供他人使用。

(4) 有毒药品、特殊试剂要在教师指导下取用。

2. 液体试剂的取用

(1) 从滴瓶中取用试剂时,先提起滴管至液面以上,再按捏胶头排去滴管内空气,然后伸入滴瓶液体中,放松胶头吸入试剂,再提起滴管,按捏胶头将试剂滴入容器中。取用试剂时滴管必须保持垂直,不得倾斜或倒立。滴加试剂时滴管应在盛接容器的正上方,不得将滴管伸入容器中触及盛接容器器壁,以免污染(图 1-1)。滴管放回原滴瓶时不要放错。不允许用自己的滴管到滴瓶中取用试剂。

(2) 从细口瓶中取用试剂时,先将瓶塞取下,反放在实验台面上,然后将贴有标签的一面向着手心,逐渐倾斜瓶子,瓶口紧靠盛接容器的边缘或沿着洁净的玻璃棒,慢慢倾倒至所需的体积(图 1-2)。最后把瓶口剩余的一滴试剂"碰"到容器中去,以免液滴沿着瓶子外壁流下。注意不要盖错瓶盖。若用滴管从细口瓶中取用少量液体,则滴管一定要洁净、干燥。

(3) 准确量取液体试剂时,可用量筒、移液管或滴定管,多取的试剂不能倒回原瓶,可倒入指定容器。

实验室中试剂的存放,一般都按照一定的次序和位置,不要随意变动。试剂取用后,应立即放回原处。

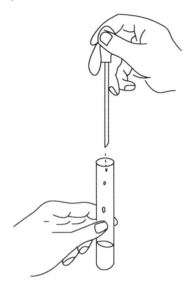

图 1-1　用滴管加少量液体的操作　　　　图 1-2　从试剂瓶中倒取液体的操作

(四) 沉淀的分离和洗涤

在无机化合物的制备、混合物的分离、离子的分离和鉴定等操作中,常用到沉淀的分离和洗涤。

沉淀和溶液分离常用的方法有三种。

1. 倾析法　当沉淀的结晶颗粒较大或密度较大,静置后能很快沉降至容器底部时,可用倾析法分离和洗涤沉淀。操作时,小心地把沉淀物上部的溶液倾入另一容器,使沉淀留在底部。如需洗涤沉淀,再加入少量洗涤剂(一般为蒸馏水),充分搅拌,静置,待沉淀物沉下,倾去洗涤液。如此重复操作 2~3 次,即可把沉淀洗净。

2. 过滤法　过滤是分离沉淀最常用的方法之一。当溶液和沉淀的混合物通过过滤器时,沉淀留在过滤器上,溶液则通过过滤器而滤入容器中,过滤所得的溶液称为滤液。

溶液的温度、黏度、过滤时的压力、过滤器的孔隙大小和沉淀物的状态等,都会影响过滤的速度,实验中应综合考虑多方面因素,选择不同的过滤方法。

常用的过滤方法有常压过滤、减压过滤和热过滤三种。

(1) 常压过滤:此法最为简便和常用。滤器为贴有滤纸的漏斗。先把滤纸对折两次(若滤纸为方形,此时应剪成扇形),然后将滤纸打开成圆锥形(一边为 3 层,一边为 1 层),放入漏斗中。若滤纸与漏斗不密合,应改变滤纸折叠的角度,直到与漏斗密合为止。再把 3 层上沿外面 2 层撕去一小角,用食指把滤纸按在漏斗内壁上(图 1-3),滤纸的边缘略低于漏斗边缘 3~5mm。用少量蒸馏水湿润滤纸,赶去滤纸与漏斗壁之间的气泡。这样过滤时,漏斗颈内可充满滤液,即形成"水柱",滤液以其自身的重量拖引漏斗内液体下漏,可使过滤速度加快。

将漏斗放在漏斗架上,下面放接受容器(如烧杯),使漏斗颈下端出口长的一边紧靠容器壁。将要过滤的溶液沿玻璃棒慢慢倾入漏斗中(玻璃棒下端对着 3 层滤纸处,图 1- 4),先转移溶液,后转移沉淀。每次转移量,不能超过滤纸容量的 2/3。然后用少量洗涤液(蒸馏水)淋洗盛放沉淀的容器和玻璃棒,将洗涤液倾入漏斗中。如此反复淋洗几次,直至沉淀全部转移至漏斗中。

图 1-3　用手指按住滤纸

图 1-4　过滤操作

若需要洗涤沉淀,可用洗瓶使细小缓慢的洗涤液沿漏斗壁,从滤纸上部螺旋向下淋洗,绝对不能快速浇在沉淀上,待洗涤液流完,再进行下一次洗涤。重复操作 2~3 次,即可洗去杂质。

(2) 减压过滤:减压可以加速过滤,也可把沉淀抽吸得比较干燥,但不适用于胶状沉淀和颗粒太小的沉淀的过滤。

减压过滤装置(图 1-5)由布氏漏斗、吸滤瓶、安全瓶和水泵(或油泵)组成。其原理是利用水泵(或油泵)将吸滤瓶中的空气抽出,使其减压,造成布氏漏斗的液面与瓶内形成压力差,从而提高过滤速度。

在水泵(或油泵)和吸滤瓶之间安装一个安全瓶以防止倒吸。过滤完毕时,应先拔掉吸滤瓶上的橡皮管,然后关水龙头(或油泵)。

过滤前,先将滤纸剪成直径略小于布氏漏斗内径的圆形,平铺在布氏漏斗瓷板上,用少量蒸馏水润湿滤纸,慢慢抽吸,使滤纸紧贴在漏斗的瓷板上,然后进行过滤(布氏漏斗的颈口应与吸滤瓶的支管相对,便于吸滤)。溶液和沉淀的转移与常压过滤的操作相似。

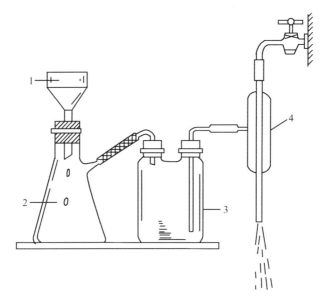

图 1-5　减压过滤装置

1. 布氏漏斗；2. 吸收瓶；3. 安全瓶；4. 玻璃抽气管

洗涤沉淀时,应停止抽滤,加入少量洗涤液(蒸馏水),让其缓缓地通过沉淀物进入吸滤瓶。最后,将沉淀抽吸干燥。如沉淀需洗涤多次,则重复以上操作,直至达到要求为止。

(3) 热过滤:如果溶液中的溶质在温度下降时容易析出大量结晶,而我们又不希望它在过滤过程中留在滤纸上,这时就要进行热过滤。过滤时把玻璃漏斗放在铜质的热漏斗内,热漏斗内装有热水,以维持溶液的温度。

也可以在过滤前把普通漏斗放在水浴上,用蒸气加热,然后使用。此法简单易行。另外,热过滤时选用的漏斗愈短愈好,以免散热降温析出晶体而发生堵塞。

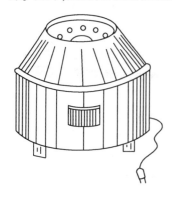

图 1-6　电动离心机

3. 离心分离法　当被分离的沉淀的量很少时,可以应用离心分离法。实验室中常用的离心仪器是电动离心机(图 1-6)。使用时,先把要分离的混合物放在离心试管中,再把离心试管装入离心机的套管内,位置要对称,重量要平衡。如果只有一支离心管中的沉淀进行分离,则可另取一支空离心试管盛以相等体积的水,放入对称的套管中以保持平衡。否则重量不均衡会引起振动,造成机轴磨损。

开启离心机时,应先低速,逐渐加速,根据沉淀的性质决定转速和离心的时间。关机后,应让离心机自己停下,绝不可用手强制其停止转动。

取出离心试管,以一毛细吸管,捏紧其橡皮头,插入离心管中,插入的深度以尖端不接触沉淀物为限。然后慢慢放松捏紧的橡皮头,吸出溶液,留下沉淀物。

如果沉淀物需要洗涤,加入少量蒸馏水,充分搅拌,离心分离,用吸管吸出清液,重复洗涤 2~3 次。

(五) 溶解与结晶

1. 溶解 用溶剂溶解试样时,应先把盛放试样的烧杯适当倾斜,然后把盛放溶剂的量杯嘴靠近烧杯壁,让溶剂慢慢顺着杯壁流入。或使溶剂沿玻璃棒慢慢流入,以防杯内溶液溅出而损失。溶剂加入后,用玻璃棒搅拌,使试样溶解完全。对溶解时会产生气体的试样,则应先用少量水将其润湿成糊状,用表面皿将烧杯盖好,然后用滴管将溶剂自杯嘴逐滴加入,以防生成的气体将粉状的试样带出。对于需要加热溶解的试样,加热时要防止溶液剧烈沸腾和溅出。加热后要用蒸馏水冲洗表面皿和烧杯内壁,冲洗时也应使水顺杯壁或玻璃棒流下。在整个实验过程中,盛放试样的烧杯要用表面皿盖上,以防弄脏。放在烧杯内的玻璃棒,不要随意取出,以免溶液损失。

2. 结晶

(1) 蒸发浓缩:蒸发浓缩一般在水浴上进行。若溶液太稀,可先放在石棉网上直接加热蒸发,再用水浴蒸发。常用的蒸发容器是蒸发皿。蒸发皿内所盛液体的量不应超过其容量的 2/3。随着水分的蒸发,溶液逐渐被浓缩,浓缩的程度取决于溶质溶解度的大小及对晶粒大小的要求。

(2) 重结晶:重结晶是提纯固体的重要方法之一。把待提纯的物质溶解在适当的溶剂中,经除去杂质离子,滤去不溶物后进行蒸发浓缩。浓缩到一定浓度的溶液,经冷却就会析出溶质的晶体,这种操作过程就是重结晶。当结晶一次所得物质的纯度不符合要求时,可以重新加入尽可能少的溶剂溶解晶体,经蒸发后再进行结晶。

(六) 容量瓶、滴定管、移液管的使用

1. 容量瓶 容量瓶是用来精确地配制一定体积、一定浓度溶液的量器。容量瓶的颈部有一刻度线,表示在所指温度下,当瓶内液体到达刻度线时,其体积恰与瓶上所注明的体积相等。

容量瓶在使用前应先检查是否漏水。检查的方法是:加自来水至标线附近,盖好瓶塞,瓶外水珠擦拭干净,一手用食指按住瓶塞,其余手指拿住瓶颈标线以上部分,另一手用指尖托住瓶底边缘,倒立 2 分钟。如不漏水,将瓶塞旋转 180° 后再倒立 2 分钟试一次,不漏水洗净后即可使用。

图 1-7 将溶液转移到
容量瓶中操作

用固体溶质配制溶液时,先将准确称量的固体溶质放入烧杯中用少量蒸馏水溶解,然后将烧杯中的溶液沿玻璃棒小心地转入容量瓶中。转移时,要使玻璃棒的下端靠紧瓶内壁,使溶液沿玻璃棒及瓶颈内壁流下(图 1-7)。溶液全部流完后,将烧杯沿玻璃棒往上提升直立,使附着在玻璃棒和烧杯嘴之间的溶液流回烧杯中。再用少量蒸馏水淋洗烧杯和玻璃棒 3 次,并将每次淋洗的蒸馏水转入容量瓶中。然后加蒸馏水至容量瓶体积的 2/3,按水平方向旋摇容量瓶几次,使溶液大体混匀,继续加蒸馏水至接近标线(约相距 1cm),再使用细而长的滴管小心逐滴加入蒸馏水,直至溶液的弯月面与标线相切为止。最后塞紧瓶塞,将容量瓶倒转数次(此时必须用手指压紧瓶塞,以免脱落)。并在倒转时加以摇荡,以保证瓶内溶液充分混合均匀。

用容量瓶稀释溶液时,则用移液管准确吸取一定体积的浓溶液移入容量瓶中,按上述方法稀释至标线,摇匀。

需要注意的是,磨口瓶塞与容量瓶是互相配套的,不能张冠李戴。可将瓶塞用橡皮圈系在容量瓶的瓶颈上。

2. 滴定管 滴定管是滴定时用来精确量度液体体积的量器,刻度由上而下,与量筒刻度相反。常用滴定管的容量限度为 50ml 和 25ml,最小刻度为 0.1ml,而读数可估计到 0.01ml。

滴定管可分为两种,一种是酸式滴定管,另一种是碱式滴定管。酸式滴定管的下端有一玻璃活塞,碱式滴定管的下端连接一橡皮管,内放玻璃珠,可代替玻璃活塞以控制溶液的流出。酸式滴定管可装入酸性或氧化性滴定液;碱液则应装入碱式滴定管中。应注意,碱式滴定管不能盛放酸性或氧化性等腐蚀橡胶的溶液。

滴定管的使用需按下列步骤进行:

(1) 准备:滴定管的准备包括检漏和洗涤。酸式滴定管试漏的方法是先将活塞关闭同时注意活塞转动是否灵活,在滴定管内装满自来水,垂直放在滴定管架上 2 分钟。如管尖及活塞两端不漏水,再将活塞转动 180°,再放置 2 分钟,若无漏水现象,活塞转动也灵活,即可使用。否则应将活塞取出,洗净活塞套及活塞并用滤纸碎片擦干,然后分别在活塞套的细端内壁和活塞的粗端表面各涂一层很薄的凡士林(亦可在玻璃活塞孔的两端涂上一薄层凡士林),小心不要涂在孔边以防堵塞孔眼(图 1-8A)。再将活塞放入活塞套,向同一方向旋转至透明为止(图 1-8B)。套上小橡皮圈,再一次检查是否漏水,活塞旋转是否灵活。

A. 涂油手法

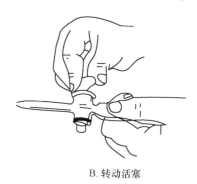
B. 转动活塞

图 1-8 酸式滴定管活塞上涂油与安装

碱式滴定管应选大小合适的玻璃珠和橡皮管,并检查滴定管是否漏水,是否能灵活控制液滴。

滴定管在装入滴定液前,除了需用洗涤剂(或铬酸洗液)、自来水及蒸馏水依次洗涤清洁外,为了避免装入的滴定液浓度被管内残留的水稀释,还需用少量滴定溶液(每次约 5～10ml)荡洗滴定管 2～3 次。荡洗时两手平持(管口略向上)滴定管,慢慢转动,使滴定液与管内壁的所有部分能充分接触,然后将溶液从管尖放出。对于碱管,应不断改变捏玻璃珠的位置,使玻璃珠下方能充分荡洗。特别值得注意的是,滴定液必须直接从试剂瓶中倒入滴定管,不得用任何其他容器盛放后再转移,以免滴定液浓度改变或造成污染。

(2)装液:用滴定液荡洗后的滴定管即可倒入滴定液直至零刻度以上为止。装好溶液后,必须把滴定管下端的气泡赶出,以免使用时带来读数误差。对于酸式滴定管,可迅速转动活塞,使溶液很快冲出,将气泡带走;对于碱式滴定管,可将橡皮管向上弯折,然后轻轻捏挤玻璃珠旁侧的橡皮管,即可排出气泡(图 1-9)。排除气泡后,调节液面在"0.00ml"处,或在"0.00ml"刻度稍微偏下处,并记下初读数。

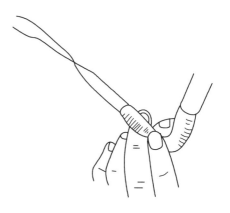
图 1-9 逐气泡法

(3)读数:读数时需将滴定管从滴定管架上拿下来,用右手大拇指和食指捏住滴定管上部无刻度处,使滴定管垂直,然后读数。

读数时视线应与管内液面在同一水平面上,偏高偏低都会带来误差。对于无色或浅色溶液,应读取弯月面下缘最低点;溶液颜色太深而弯月面不够清晰时,可读取液面两侧的最高点。必须读到小数点后第二位,即要求估计到 0.01ml。

为了便于读数,可在滴定管后面衬一张纸片作背景,形成颜色较深的弯月面,读取弯月面下缘的最低点。若为蓝线滴定管,则应取蓝线上下两端交点的位置读数。

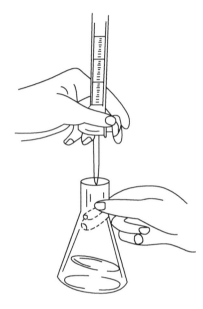

图 1-10 酸式滴定管操作

由于滴定管的刻度不可能绝对均匀,所以在同一实验中,溶液的体积应控制在滴定管刻度的同一部位,以抵消由于刻度不准确而引起的误差。

(4) 滴定:滴定操作可在锥形瓶或烧杯内进行,并以白瓷板作背景。滴定开始前,先把悬挂在滴定管尖端的液滴用滤纸片轻轻"吸"去。

使用酸式滴定管时,左手的拇指、食指和中指控制活塞。在转动活塞时,手指微微弯曲并轻轻向内扣住,手心不要顶住活塞的小头,以免顶出造成漏液。右手的拇指、食指和中指拿住锥形瓶颈,使滴定管的下端伸入瓶口约 1cm,并运用腕力向同一方向做圆周运动旋摇锥形瓶,以使溶液混合均匀(图 1-10)。刚开始滴定时,滴定速度可稍快,但不能形成"水线"临近终点时,应改为加一滴,摇几下,并用洗瓶加入少量蒸馏水冲洗锥形瓶内壁,使溅起附着在锥形瓶内壁的溶液洗下。最后,每加一滴或半滴,即摇动锥形瓶,直至终点为止。半滴的加法是微微转动滴定管活塞,使溶液悬挂在出口管尖上,将锥形瓶内壁与管尖轻轻接触,使溶液靠入瓶中并用蒸馏水冲下。

使用碱式滴定管时,右手照上述方法持锥形瓶,左手拇指和食指捏住橡皮管中的玻璃珠所在部位稍上处,向右侧挤捏橡皮管,使橡皮管和玻璃珠之间形成一条缝隙,溶液即可流出。注意不能挤捏玻璃珠下方的橡皮管,否则空气进入易形成气泡。

在烧杯中进行滴定时,调节滴定管高度,使滴定管下端伸入烧杯内 1cm 左右。在左手控制活塞滴加溶液的同时,右手持搅拌棒在烧杯右前方搅拌溶液。搅拌棒应向同一方向做圆周运动,但不要接触烧杯壁和底。

3. 移液管和吸量管 移液管和吸量管都是用来准确移取一定体积溶液的量器。移液管中间有膨大部分;吸量管为直形,管上刻有刻度。

移液管和吸量管在使用前,应依次用洗涤剂(或铬酸洗液)、自来水、蒸馏水洗涤清洁。

移取溶液时,先用滤纸片将洗净的移液管(或吸量管)尖端内外的水吸去,然后用待吸取的溶液润洗3次。润洗的操作方法是:用右手拿住管上端标线以上部分,将管下端伸入待吸溶液面下1~2cm深处。不要伸入太浅,以免液面下降后造成吸空;也不要伸入太深,以免管外壁沾附溶液过多。左手拿吸耳球,先把球内空气压出,然后将球的尖端紧贴在移液管管口上,慢慢放松吸耳球吸入少量溶液。移走洗耳球,立即用右手食指按住管口,将移液管提离液面并倾斜,松开食指,两手平持移液管(管口稍向上)并转动,使溶液与管内壁所有部分充分接触(注意不要使溶液从管口流出),再使管直立,将溶液由管尖放出。如此反复3次即可。

定量移取溶液的操作方法与润洗基本类似,但吸取溶液要至标线以上约1~2cm,立即用右手食指按住移液管并直立提离液面后,将管下端外壁沾附的溶液用滤纸轻轻擦干(或将移液管下端沿待吸取液容器内壁轻转两圈),然后稍松食指,使液面慢慢下降(图1-11A),直至视线平视时溶液的弯月面与标线相切,立即按紧食指,使液体不再流出。左手将承接溶液的容器稍倾斜,将移液管垂直放入容器中,管尖紧贴容器内壁,松启右手食指,使溶液沿器壁自由流下(图1-11B)。待液面下降到管尖后,再等15s左右取出移液管。

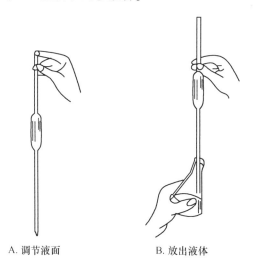

A. 调节液面　　　　　B. 放出液体

图1-11　移液管的使用

注意,除非特别注明需要"吹"的以外,管尖最后留有的少量溶液不能吹入容器中,因为在校正移液管时,未将这部分液体体积计算在内。在用吸量管量取非满刻度体积的溶液时,必须吸至满刻度后再放出液体,至所需体积为止。

（七）台秤（托盘天平）

台秤用于粗略地称量物质的质量。它具有称量迅速的特点，但精确度不高，一般能称准至 0.1g。

（1）台秤的构造（图 1-12）：台秤的横梁左右有两个托盘，横梁的中部有指针与刻度盘相对。根据指针在刻度盘左右的摆动情况，可以判断台秤是否处于平衡状态。图 1-12 所示台秤。

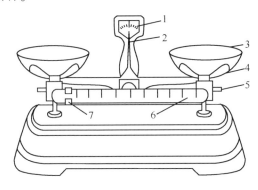

图 1-12 台秤

1. 刻度盘；2. 指针；3. 托盘；4. 横梁；5. 平衡节螺丝；6. 游码标尺；7. 游码

（2）称量：在称量物体之前，应检查台秤是否平衡。检查的方法是：将游码拨到游码标尺的"0"处，此时指针在刻度盘左右摆动的格数应相等，且指针静止时应位于刻度盘的中间位置。如果不平衡，可调节台秤托盘下侧的平衡调节螺丝，使之平衡。

称量物体时，左盘放称量物，右盘放砝码。砝码应用镊子夹取。添加砝码时，应先加质量大的砝码，再加质量小的砝码，5g（或 10g）以下的砝码用游码代替，直到台秤平衡为止。

称量时应注意：不能称量热的物品；称量物不能直接放在托盘上，应根据情况决定称量物放在纸上、表面皿或其他容器中。

称量完毕，应将砝码放回砝码盒中，将游码拨到"0"位处，并将两托盘放在同一侧，以免台秤摆动。应经常保持台秤的整洁，托盘上有药品或其他污物时应立即清除。

五、数据记录及处理

（一）数据记录

1. 原始记录的目的与要求　为了培养学生严谨的科学态度和较强的实验室

工作能力,尤其是训练学生实事求是的实验作风,要求学生必须备有专门的记录本,以便及时、如实地记录实验过程中所观察到的各种现象或测定出的各种数据。

记录本应编好页码,不要随便撕扯。记录实验数据时,绝不允许拼凑或涂改。若发现数据记错或算错需要改动时,可在该数据前划一小叉,并在其下方写上正确的数据。

记录的数据所保留的有效数字位数,应与所用仪器的精确度相适应,任何超过或低于仪器精确度的有效数字位数都是不恰当的。

2. 有效数字 有效数字,是指从测量仪器上能直接读出的几位数字(包括最后一位估计读数在内)。例如,某物体在台秤上称量,得到的结果是 2.4g。由于台秤只能称准到 0.1g,所以该物体的质量可表示为 (2.4 ± 0.1) g,它的有效数字是 2 位。若将该物体放在万分之一的分析天平上称量,得到的结果为 2.4234g 时。因为分析天平可称准至 0.0001g,所以该物体的质量应表示为 (2.4234 ± 0.0001) g,它的有效数字是 5 位。

根据以上讨论可以看出:测量仪器能测到哪一位有效数字,测量结果就应该写到这一位有效数字,而且最后一位数字总是估计出来的。故所谓有效数字位数实际上总是包括可疑的最后一位数。例如上述物体的质量在台秤上称量为 2.4g,其中"2"是准确值,"4"是估计值;在分析天平上称量为 2.4234g 时,其中"2.423"为准确值,"4"为估计值。又如,测量液体体积的 10ml 量筒的精度为 0.1ml 时,而 50ml 滴定管的精度可达 0.01ml。因此,用一个 10ml 量筒量得液体的体积为 7.4ml 时,不应记录为 7ml 或 7.40ml,而用 50ml 滴定管量得液体的体积为 25.48ml 时,则不应记录为:25.5ml 或 25.480ml。

一种仪器可达到的精度一般与最小刻度有关,但不一定是相同的。例如万分之一电光分析天平在屏幕上可以估计出 0.00001g,但实际上只能称准到 0.0001g,即读数时小数点后只保留 4 位有效数字。

数字 1,2,3,…,9 都可作为有效数字,只有"0"有些特殊。它在数字的前面时,只表示小数点的位置,起定位作用,不是有效数字;而"0"在数字的中间或末端时,都是有效数字。例如数值 0.0068、0.0608、0.6080,其有效数字位数分别为 2、3、4。但是"0"不在小数点后时,意义不确切。例如 4800,有效数字位数不定。这时只能按照实际测量的精确度来确定。若有 2 位有效数字,则表示为 4.8×10^3;若有 3 位有效数字,则应表示为 4.80×10^3。

3. 有效数字位数的取舍

(1) 加减法:在加减法中,所得结果的有效数字位数,应与各数值中小数点后位数最少者相同。例如:

$$12.3656 + 0.023 + 5.2 = 17.5886$$

结果应写为 17.6(按四舍五入法弃去多余的数字)。

（2）乘除法:在乘除法中,所得结果的有效数字位数,应与各数值中有效数字位数最少者相同,而与小数点的位置无关。例如:

$$1.2 \times 3.45 \times 0.06789 = 0.2810646$$

结果应写为 0.28。

进行较复杂的运算时,中间各步可以暂时多保留一位有效数字,以免多次四舍五入造成误差的积累。但最后结果仍只保留其应有位数。

幂运算与乘除法运算类似。例如

$$\sqrt{256} = 16.0 \qquad 1.6^2 = 2.6$$

（3）对数运算:无机化学计算中还会遇到 pH、pK_i、lgK 等对数运算,其有效数字位数取决于小数部分数字的位数,而整数部分只供定位用。例如 pH = 11.78,则 $[H^+] = 1.7 \times 10^{-12}$ mol/L 有效数字是 2 位,而不是 4 位。

必须指出,在化学计算中常常遇到一些分数与倍数的关系。例如,2mol NaOH 的质量为 $2 \times 40 = 80$g,摩尔质量前的系数"2"不能看成只有一位有效数字,而应认为是无限多位有效数字。

（二）数据处理（作图法）

处理实验数据时常用作图法。因为利用图形表达实验结果能直接显示出数据的特点及变化规律,并能利用图形求得斜率、截距、外推值等。根据多次测量数据得到的图形一又般具有"平均"的意义,因而可消除一些偶然误差。作图时应注意以下几点。

1. 选择适宜的坐标标度　一般使用直角坐标纸。习惯上以横坐标表示自变量,纵坐标表示因变量。坐标轴旁应注明所代表的变量的名称及单位,坐标读数不一定从零开始。坐标轴上比例尺的选择应遵循下列原则:

（1）能表示出全部有效数字,从图中读出的物理量的准确度与测量准确度一致。

（2）坐标轴上每一格所对应的数值应便于迅速读数和计算,即每单位坐标标度应代表 1、2 或 5 的倍数,而不宜采用 3、6、7、9 的倍数。而且应把逢 5 或 10 的数字标在图纸粗线上。

（3）作图时要使图中的点分散开,全图布局均匀,不要偏于一角。

（4）如所作图形为直线,则应使直线与横坐标的夹角在 45°左右,角度不宜太大或太小。

2. 点要标清楚　根据实验测得的数据,在坐标纸上画出的点应该用符号⊙、⊕、⊗、△、▫等标示清楚,符号的重心所在位置即表示读数值。绝不允许只点一小点".",避免作出曲线后,看不出各数据点的位置。

3. 连接曲线要平滑　根据实验数据标出各点后,即可连成平滑的曲线。曲线应尽可能接近大多数点,并使各点均匀地分布在曲线两侧。

4. 求直线的斜率时,要从线上取点　当所作图形为一直线时,可根据直线方程 $y=kx+b$,求得斜率 $k=\dfrac{y_2-y_1}{x_2-x_1}$,即在直线上任取两点 $A(x_1,y_1)$、$B(x_2,y_2)$,将其坐标值代入求得斜率。但应注意:所取两点不能相隔太近,也不能直接取两组实验数据代入计算(除非这两组数据代表的点恰在线上且相距足够远),以便减小误差。计算时还应注意 k 是两点坐标差之比,而不是纵、横坐标线段长度之比。因为纵、横坐标的比例可能不同,用线段长度之比求斜率,必然导致错误结果。

六、实验报告格式示例

Ⅰ无机化学制备实验报告

　　　实验名称:_____　　　日期_____　　　室温_____

(一) 实验目的

(二) 实验原理

(三) 简单流程(可用图表表示)

(四) 实验结果

　　　产品外观:

　　　产　　量:

　　　产　　率:

(五) 产品纯度检验:(可列表说明)

(六) 问题和讨论:

　　　对产率、纯度和操作中遇到的问题进行讨论。

Ⅱ无机化学测定实验报告

　　　实验名称:_____　　　日期_____　　　室温_____

(一) 实验目的

(二) 实验原理

(三) 实验内容

(四) 数据与结果

　　　用表格的形式列出实验测定的数据并进行计算或作图,得出结果。

(五) 问题和讨论

　　　将计算结果与理论值(或文献值)比较,分析产生误差的原因。

Ⅲ无机化学性质实验报告

　　　实验名称:_____　　　日期_____　　　室温_____

(一) 实验目的

（二）实验内容（用表格表示）

例：碘的氧化性

实验内容	实验现象	解释和反应式
5 滴碘试液 +1 滴淀粉液,再逐滴加入 0.1mol/L $Na_2S_2O_3$ 溶液	溶液由蓝色变为无色	I_2 遇淀粉变蓝 $I_2+2S_2O_3^{2-} = 2I^-+S_4O_6^{2-}$

（三）问题和讨论

总结实验收获和体会,分析实验中出现的"反常"现象。

（王　岩）

第二部分 实验内容

实验一 基本操作训练、溶解及溶液的配制

一、实验目的

1. 在本实验中学生要熟悉化学实验的规则和安全知识,进一步掌握基本操作技能和知识。
2. 观察溶解过程中的物理化学现象。
3. 掌握溶液浓度的计算方法及常见溶液的配制方法。
4. 熟悉台秤、量筒的使用方法,学习移液管、容量瓶等仪器的使用方法。
5. 学习溶液的定量转移及稀释操作。

二、实验原理

溶液不仅是物理状态的改变。还包括化学作用——溶剂化,生成溶剂化合物(在水中就是水合物)。因此在溶解过程中会发生总体积改变、吸热或放热、颜色变化等物理化学现象。

溶液的配制是药学工作的基本内容之一。在配制溶液时。首先应根据所提供的药品计算出溶剂及溶质的用量,然后按照配制的要求决定采用的仪器。

在计算固体物质用量时,如果物质含结晶水,则应将其计算在内。稀释浓溶液时,计算需要掌握的一个原则就是:稀释前后溶质的量不变。

如果对溶液浓度的准确度要求不高,可采用台秤、量筒等仪器进行配制;若要求溶液的浓度比较准确,则应采用分析天平、移液管、容量瓶等仪器。

配制溶液的操作程序一般是:

1. 称量　用台秤或扭力天平、电子天平称取固体试剂,用量筒、量杯或移液管、吸量管量取液体试剂。

2. 溶解　凡是易溶于水且不易水解的固体均可用适量的水在烧杯中溶解(必要时可加热)。易水解的固体试剂(如 $SbCl_3$、Na_2S 等)。必须先以少量浓酸(碱)使之溶解,然后加水稀释至所需浓度。

3. 定量转移　将溶液从烧杯向量筒或容量瓶中转移后,应注意用少量水荡洗烧杯 2~3 次,并将荡洗液全部转移到量筒或容量瓶中,再定容到所示刻度。

有些物质易发生氧化还原反应或见光受热易分解,在配制和保存这类溶液时必须采用正确的方法。

三、实 验 用 品

(1) 仪器:温度计(100℃)、瓷坩埚、石棉网、量筒(10ml、50ml、100ml)、烧杯(50ml、100ml)、移液管(25ml)、容量瓶(50ml)、台秤。

(2) 试剂:浓 H_2SO_4、0.20mol/L HAc 滴定液、NaCl(固)、浓 HCl、NH_4NO_3(固)、NaOH(固)、$Na_2SO_4 \cdot 10H_2O$(固)、$CuSO_4 \cdot 5H_2O$(固)、95% 乙醇溶液。

四、实 验 内 容

(一) 溶解热效应

1. 在一只试管中加入约 30ml 水,用温度计测量水的温度。加入约 0.5g NH_4NO_3 结晶,用玻璃棒轻轻搅拌,并注意温度的改变,试说明 NH_4NO_3 溶解时所发生的热效应。用同样的方法试验固体 NaOH 溶解时所发生的热效应。解释所观察到的现象。

2. 结晶水合物及其无水盐溶解时和热效应

(1) 在一只试管中,将重约 0.5g 的 $Na_2SO_4 \cdot 10H_2O$ 结晶溶于 2ml 水中,并观察溶解时温度的降低。

(2) 另将重约 0.5g 的 $Na_2SO_4 \cdot 10H_2O$ 结晶置于坩埚中,在石棉网上慢慢加热,并不断搅拌,可见,$Na_2SO_4 \cdot 10H_2O$ 晶体首先熔化,继续加热得白色无水 Na_2SO_4。放冷坩埚,刮出无水盐,倒入已盛有 2ml 水的试管中(事先已测知水温)观察无水 Na_2SO_4 溶解时的放热现象。

(二) 溶质溶剂化后颜色的改变

在坩埚内盛 $CuSO_4 \cdot 5H_2O$ 蓝色结晶少许,直火慢慢灼烧,观察颜色的变化,坩埚冷却后在固体上加水数滴使湿润,颜色又有何变化? 试加以解释。

(三) 溶质和溶剂混合后体积的改变

分别准确量取 10ml 蒸馏水和 10ml 95% 乙醇溶液,混合后,总体积是否为 20ml? 解释观察到的现象。

（四）溶液的配制

1. 由浓 H_2SO_4 配制稀 H_2SO_4，计算出配制 50ml 3mol/L H_2SO_4 溶液所需浓 H_2SO_4(98%，相对密度 1.84g/ml) 的体积。在一洁净的 50ml 烧杯中加入 20ml 左右水，然后将用量筒量取的浓 H_2SO_4 缓缓倒入烧杯中，并不断搅拌，待溶液冷却后转移至 50ml 量筒内稀释至刻度。配制好的溶液倒入实验室统一的回收瓶中。

2. 由固体试剂配制溶液

（1）生理盐水的配制：计算出配制生理盐水 90ml 所需固体 NaCl 的用量，并在台秤上称量。将称得的 NaCl 置于 100ml 洁净烧杯内，用适量水溶解，然后转移至 100ml 量筒内稀释至刻度。配制好的溶液统一回收。

（2）2mol/L 盐酸溶液的配制：计算出配制 2mol/L 盐酸溶液 50ml 所需浓 HCl 的用量。自己设计步骤并配制溶液。配制好的溶液统一回收。

3. 将已知浓度的标准溶液稀释　用 25ml 移液管取少量 0.2000mol/L HAc 溶液荡洗 2～3 次，然后准确移取 25ml HAc 溶液于 50ml 洁净的容量瓶中，加水稀释至刻度。配制好的溶液统一回收。

五、思　考　题

1. 固体溶解时，为什么发生吸热或放热现象？为什么带有结晶水的盐类溶于水时多表现吸热现象？

2. 能否在量筒、容量瓶中直接溶解固体试剂？为什么？

3. 移液管洗净后还须用待吸取液润洗，容量瓶也需要吗？为什么？

4. 稀释液 H_2SO_4 时，应注意什么？

5. 在配制和保存 $BiCl_3$、$FeSO_4$、$AgNO_3$ 溶液时应注意什么？为什么？

6. 用固体 NaOH 配制溶液时，为什么要先在烧杯内加入少量水，再加入 NaOH，而不将固体 NaOH 加入干烧杯中？

实验二　酸　碱　滴　定

一、实　验　目　的

1. 练习滴定操作。

2. 测定氢氧化钠溶液和盐酸溶液的浓度。

二、实 验 原 理

利用酸碱中和反应,可以测定酸或碱的浓度。量取一定体积的酸溶液,用碱溶液滴定,可以从所用的酸溶液和碱溶液的体积(V_a 和 V_b)与酸溶液的浓度(C_a)算出碱溶液的浓度(C_b)

$$C_a \cdot V_a = C_b \cdot V_b$$

$$C_b = \frac{C_a \cdot V_a}{V_b}$$

反之,也可以从 V_a、V_b 和 C_b 求出 C_a。

中和反应的化学计量点可借助于酸碱指示剂确定。

本实验用 NaOH 溶液滴定已知浓度的草酸,标定 NaOH 溶液的浓度。再用已标定的 NaOH 溶液来滴定未知浓度的 HCl。

三、实 验 用 品

(1) 仪器:滴定管、移液管、锥形瓶。

(2) 药品:未知浓度 NaOH 溶液(0.1mol/L)、未知浓度 HCl 溶液(0.1mol/L)、草酸标准溶液(0.05mol/L 标准溶液)、酚酞指示剂、甲基橙指示剂。

四、实 验 内 容

1. NaOH 溶液浓度的标定   把已洗净的碱式滴定管用少量 NaOH 溶液荡洗三遍。每次都要将滴定管持平、转动,最后溶液从尖嘴放出。再将 NaOH 溶液装入滴定管中,赶走橡皮管和尖嘴部分的气泡,调整管内液面的位置恰好为 "0.00ml"。

用移液管量取 20.00ml 草酸标准溶液,把它加到锥形瓶中,再加入 2~3 滴酚酞指示剂,摇匀。

挤压碱式滴定管橡皮管内的玻璃球,使液体滴入锥形瓶中。开始时,液滴流出的速度可以快一些,但必须成滴而不是一股水流。碱液滴入瓶中,局部出现粉红色,随着摇动锥形瓶,红色很快消失。当接近终点时,粉红色消失较慢,就应该逐滴加入碱液。最后应控制加半滴,即令液滴悬而不落,用锥形瓶内壁将其靠下,摇匀。放置半分钟后粉红色不消失,即认为已达终点。稍停,记下滴定管中液面的体积。

如上法,再取草酸标准溶液,用 NaOH 溶液滴定,重复两次,要求 3 次所用碱液的体积相差不超过 0.10ml。

2. HCl 溶液浓度的测定　检查酸式滴定管不漏水后,先洗净再用少量 HCl 溶液荡洗三遍,赶净尖端气泡,然后加满 HCl 溶液,使液面调至"0.00ml"。

用 20ml 移液管吸取少量已标定的 NaOH 溶液润洗 3 遍,然后准确吸取 NaOH 溶液 20.00ml 于锥形瓶中,再加入 2~3 滴甲基橙指示剂,摇匀,按上法滴定。当最后半滴酸液滴入锥形瓶内,溶液颜色由黄色变为橙色时,即达到终点。稍停,记下滴定管中液面的体积。

如上法,再取 NaOH 溶液,用 HCl 溶液滴定,重复两次,要求 3 次所用碱液的体积相差不超过 0.10ml。

3. 数据记录

（1）NaOH 溶液浓度的标定

实验序号	1	2	3
NaOH 溶液用量（ml）			
草酸溶液用量（ml）			
草酸溶液浓度（mol/L）			
NaOH 溶液浓度（mol/L）			
NaOH 溶液平均浓度（mol/L）			

（2）HCl 溶液浓度的标定

实验序号	1	2	3
NaOH 溶液用量（ml）			
HCl 溶液用量（ml）			
NaOH 溶液浓度（mol/L）			
HCl 溶液浓度（mol/L）			
HCl 溶液平均浓度（mol/L）			

五、注 意 事 项

1. 酸式滴定管的活塞两端涂以凡士林,塞紧后检查,应不从两侧漏水。切忌整个活塞涂满凡士林,这会使孔堵塞。

2. 用自来水、蒸馏水洗净滴定管和移液管,再用待测溶液荡洗三次。

3. 移液管内液体流完后,在锥形瓶口靠停约 30s,再将移液管拿开。

4. 开始滴定时,速度可稍快些,此时出现指示剂的粉红色会很快消失,当接近终点时,粉红色消失较慢,就应逐滴进行。粉红色在半分钟内不消失,即可认为已达到终点。

六、思 考 题

1. 用碱溶液滴定,以酚酞为指示剂时,达到化学计量点的溶液放置一段时间后会不会褪色?为什么?

2. 怎样洗涤移液管?为什么最后要用需移取的溶液来荡洗移液管?滴定管和锥形瓶最后是否也需要用同样方法荡洗?

七、报 告 格 式

1. 实验目的
2. 实验原理
3. NaOH 溶液浓度的标定(以表格形式列出)
4. HCl 溶液浓度的标定(以表格形式列出)

(张　烜)

实验三　溶液的通性

一、实 验 目 的

1. 观察溶液的通性,练习用冰点下降法测定物质摩尔质量(或分子量),加深对稀溶液依数性的认识。

2. 通过实验进一步理解拉乌尔定律。

3. 练习使用移液管,学习台秤或电子天平的称量方法。

二、实 验 原 理

蒸气压下降、沸点上升、凝固点下降、渗透压的产生这些溶液的通性,对于稀溶液来说,它们的量和一定量的溶剂中所溶解的非电解质溶质的分子数成正比,所以这些性质又叫稀溶液的依数性。因此测定这些性质(常用冰点下降法来测定),可以计算溶质的分子量。

凝固点是溶液(或液态溶剂)与其固态溶剂具有相同的蒸气压而能平衡共存时的温度。当在溶剂中加入难挥发的非电解质溶质时,由于溶液的蒸气压小于同温度下纯溶剂的蒸气压,因此溶液的凝固点必低于纯溶剂的凝固点。根据拉乌尔定律可推出,稀溶液的凝固点降低值 ΔT_f 近似地与溶液的质量摩尔浓度(m)成正比,而与溶质的本性无关:

$$\Delta T_f = K_f \cdot m \qquad\qquad (1)$$

式中 K_f 为凝固点降低常数。若有 g 克溶质溶解在 G 克溶液中,且溶质的摩尔质量为 M,则(1)式可转换为

$$M = \frac{K_f \times g \times 1000}{G \times \Delta T_f} \qquad\qquad (2)$$

因此,在已知 K_f、G、g 的前提下,只要测出稀溶液的凝固点降低值 ΔT_f,即可按(2)式求出溶质的摩尔质量。

为测定 ΔT_f,应通过实验分别测出纯溶液和溶剂的凝固点。凝固点的测定采用过冷法。

三、实 验 用 品

(1)试剂:50%硅酸钠、3%~5%硫酸铜、葡萄糖、氯化钠、$K_4[Fe(CN)_6]$、食盐、水、铜、铁、钴、镍、锰、铝、镁等盐类。

(2)仪器:测冰点装置一套、2个大试管、100ml 烧杯、普通温度计(150℃)1 支。

四、实 验 内 容

(一)"化学风景"

向 100ml 小烧杯中加入 60ml 50% 硅酸钠溶液,投入数粒可溶性的铜、铁、钴、镍、锰铀、铝、镁等盐类的晶体,在晶体表面立即生成一层不溶性的硅酸盐,由于渗透现象于是水渗入膜中,使其膨胀长大,以致变成好似花草、山水、树木等"化学风景"。

(二)"化学海草"

在大试管中倒入 3%~5% 硫酸铜溶液,再投入几粒亚铁氰化钾 $K_4[Fe(CN)_6]$ 晶粒,在晶体表面由于形成亚铁氰化铜 $Cu_2[Fe(CN)_6]$ 半透膜而产生渗透现象,渐渐生成一种深黄色的"海草"。

(三)沸点上升

取 100ml 烧杯一个,加入 30ml 自来水,加热至沸,用普通温度计量其温度,向沸水中投入 3~5g 氯化钠晶体,继续加热直至沸腾,再记下沸腾的温度,比较二者沸点的差别。

(四)冰点下降法测蒸馏水和葡萄糖的分子量

1. 几点说明

(1) 冰点:冰点这一温度不是很容易读出,因为溶液往往冷却到冰点时还不结冰,只有使其温度下降到某一温度时才析出冰来,此时因放出大量的熔化热而使温度突然上升。上升的最高点就是冰点。

(2) 冰盐冷冻剂:当食盐、冰及少量水混合在一起时,因为在同温下冰的蒸汽压大于饱和食盐水的蒸汽压:故冰要熔化,熔化时就要吸收周围的热量,故冰盐水可做冷冻剂,最低可降至 $-22℃$。若为"氯化钙、冰、水"冷冻剂,最低可达 $-55℃$。

(3) 使用 1/10 刻度温度计必须注意:

1) 这种温度计很贵重而且很长,使用和放置均要注意,避免碰断。

2) 水银球处玻璃薄,不能用力捏,若被冻住,不可用力拔,应用手握试管,待冰熔化后方能取出。

3) 1/10 温度计的刻度可读至 $0.01℃$,准确到 $0.1℃$。

2. 操作步骤

(1) 水的冰点的测定:在洗净的内管中注入 5ml 蒸馏水(或离子交换水),装置好后不断搅拌。注意观察温度的变化,测出水的冰点。为减少误差,可将试管取出,用手握管,待冰熔化后再测一次,直到前后两温差不超过 $0.02℃$,则所测温度就是水的冰点,定此点为该温度计的零点。

(2) 葡萄糖溶液冰点的测定:先在台秤上称取葡萄糖 0.44~0.50g,再在电子天平上精确称量(读至小数点后 3 位)。将称好的葡萄糖小心倒入干燥洁净的测定管中,然后准确吸取 5ml 蒸馏水沿管壁加入,轻轻振荡(注意切勿溅出)。待葡萄糖完全溶解后,装上塞子(包括温度计与细搅拌棒),将测定管直接插入冰盐水中。

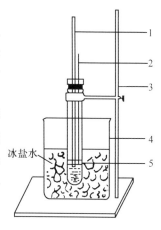

用粗搅拌棒搅动冰盐水,同时用细搅拌棒搅拌溶液,但注意不要碰及管壁与温度计以免摩擦生热影响实验结果。当溶液逐渐降温至过冷再析出结晶时,温度降低后又回升的最高点温度可作为溶液的冰点(通过放大镜准确读数)(图 2-1)。

冰点的测定须重复两次。两次测定结果的差值,要求在 ±0.04℃ 以内。溶液的冰点取两次结果的平均值。

图 2-1 凝固点测定装置
1. 温度计;2. 搅拌棒;3. 铁站架
4. 烧杯;5. 测量管

3. 数据记录及结果处理

测定次数	冰点,℃		溶质质量(g)	溶剂质量(g)	ΔT_f
	蒸馏水	葡萄糖溶液			
1					
2					
3					

结果计算 $M = \dfrac{K_f \times g \times 1000}{G \times \Delta T_f}$

五、注 意 事 项

1. 测定管需干燥。

2. 温度计前端的玻璃极薄(可提高测温的灵敏度),切勿将温度计代替搅拌棒用。

3. 测蒸馏水的冰点时,有时温度计会与冰冻结在一起,此时应注意让冰熔化后再取出温度计。

注意:准确测量冰点下降,应使用贝克曼温度计,这种温度计可以准确测量温度差,可读至 0.002℃。

六、思 考 题

1. 蒸汽压下降、冰点下降、沸点上升及渗透压是哪些溶液的通性?什么情况下是依数性?

2. 冰盐水为什么能做冷冻剂?多加食盐,是否可以使温度降到-22℃以下,为什么?

3. 使用1/10刻度温度计应注意哪些事项?

七、报告格式

1. 实验目的。
2. 实验原理。
3. 实验数据处理、结论与讨论。

(孙 莲)

 # 实验四 $I_3^- \rightleftharpoons I^- + I_2$ 平衡常数的测定
——滴定操作

一、实验目的

1. 测定 $I_3^- \rightleftharpoons I^- + I_2$ 的平衡常数。加强对化学平衡、平衡常数的理解并了解平衡移动的原理。

2. 了解碘量法滴定的基本操作。

二、实验原理

碘溶于碘化钾溶液中形成 I_3^-,并建立下列平衡:

$$I_3^- \rightleftharpoons I^- + I_2 \qquad (1)$$

在一定温度条件下其平衡常数为

$$K = \frac{\alpha_{I^-} \cdot \alpha_{I_2}}{\alpha_{I_3^-}} = \frac{\gamma_{I^-} \cdot \gamma_{I_2}}{\gamma_{I_3^-}} \cdot \frac{[I^-][I_2]}{[I_3^-]}$$

式中 a 为活度,γ 为活度系数,$[I^-]$、$[I_2]$、$[I_3^-]$ 为平衡浓度。由于在离子强度不大的溶液中

$$\frac{\gamma_{I^-} \cdot \gamma_{I_2}}{\gamma_{I_3^-}} \approx 1$$

所以
$$K \approx \frac{[\,I^-\,][\,I_2\,]}{[\,I_3^-\,]} \qquad\qquad (2)$$

为了测定平衡时的$[\,I^-\,]$、$[\,I_2\,]$、$[\,I_3^-\,]$,可用过量固体碘与已知浓度的碘化钾溶液一起摇荡,达到平衡后,取上层清液,用标准硫代硫酸钠溶液进行滴定:

$$2Na_2S_2O_3 + I_2 = 2NaI + Na_2S_4O_6$$

由于溶液中存在 $I_3^- \rightleftharpoons I^- + I_2$ 的平衡,所以用硫代硫酸钠溶液滴定,最终测到的是平衡时 I_2 和 I_3^- 的总浓度。设这个总浓度为 c 则

则
$$c = [\,I_2\,] + [\,I_3^-\,] \qquad\qquad (3)$$

$[\,I_2\,]$则可通过在相同温度条件下,测定过量固体碘与水处于平衡时,溶液中碘的浓度来代替。设这个浓度为 c',则

$$[\,I_2\,] = c'$$

整理(3)式:$[\,I_3^-\,] = c - [\,I_2\,] = c - c'$。

从(1)式可以看出,形成一个 I_3^- 就需要一个 I^-,所以平衡时$[\,I^-\,]$为

$$[\,I^-\,] = c_o - [\,I_3^-\,]$$

式中 c_o 为碘化钾的起始浓度。

将$[\,I_2\,]$、$[\,I_3^-\,]$和$[\,I^-\,]$代入(2)式即可求得在此温度条件下的平衡常数 K。

三、实　验　用　品

（1）仪器:量筒(10ml、100ml)、吸量管(10ml)、移液管(50ml)、碱式滴定管、碘量瓶(100ml、250ml)、锥形瓶(250ml)、洗耳球。

（2）试剂:碘、KI 溶液(0.0100mol/L、0.0200mol/L)、$Na_2S_2O_3$ 标准溶液(0.0050mol/L)、淀粉溶液(0.2%)。

四、实　验　内　容

1. 取两只干燥的 100ml 碘量瓶和一只 250ml 碘量瓶,分别标上 1、2、3 号。用量筒分别量取 80ml 0.01mol/L KI 溶液注入 1 号瓶,80ml 0.02mol/L KI 溶液注入 2 号瓶,200ml 蒸馏水注入 3 号瓶。然后在每个瓶内各加入 0.5 克研细的碘,盖好瓶塞。

2. 将 3 只碘量瓶在室温下振荡或者在磁力搅拌器上搅拌 30 分钟,然后静置 10 分钟,待过量固体碘完全沉于瓶底后,取上层清液进行滴定。

3. 用 10ml 吸量管取 1 号瓶上层清液两份,分别注入 250ml 锥形瓶中,再各注入 40ml 蒸馏水,用 0.0050mol/L 标准溶液 $Na_2S_2O_3$ 溶液滴定其中一份至呈淡黄色时(注意不要滴过量),注入 2ml 0.5% 淀粉溶液,此时溶液应呈蓝色,继续滴

定至蓝色刚好消失。记下所消耗的 $Na_2S_2O_3$ 溶液的体积。平行做第二份清液。

同样方法滴定 2 号瓶上层的清液。

4. 用 50ml 移液管取 3 号瓶上层清液两份，用 0.0050mol/L $Na_2S_2O_3$ 标准溶液滴定,方法同上。

五、数据记录和处理

将数据记入下表中。

瓶号		1	2	3
取样体积 V/ml				
$Na_2S_2O_3$ 溶液的用量（ml）	I			
	II			
	平均			
$Na_2S_2O_3$ 溶液的浓度（mol/L）				
$[I_2]$ 与 $[I_3^-]$ 的总浓度（mol/L）				
水溶液中碘的平衡浓度（mol/L）				
$[I_2]$（mol/L）				
$[I_3^-]$（mol/L）				
c_o（mol/L）				
$[I^-]$（mol/L）				
K				
$\bar{K}$				

用 $Na_2S_2O_3$ 标准溶液滴定碘时,相应的碘的浓度计算方法如下：

1、2 号

$$c = \frac{c_{Na_2S_2O_3} \cdot V_{Na_2S_2O_3}}{2V_{KI-I_2}}$$

3 号

$$c' = \frac{c_{Na_2S_2O_3} \cdot V_{Na_2S_2O_2}}{2V_{H_2O-I_2}}$$

本实验测定 K 值在 $1.0 \times 10^{-3} \sim 2.0 \times 10^{-3}$ 范围内合格（文献值 $K = 1.5 \times 10^{-3}$）。

六、注意事项

1. 要充分振摇,并放置 10 分钟,使沉淀完全。

2. 吸取上清液时,注意不要将沉于溶液底部或旋于溶液表面少量固体碘吸入移液管。

3. 碘量法要注意的两个重要误差来源,一是 I_2 的挥发,二是 I^- 被空气氧化。实验中应采取适当的措施减少或排除这两种误差。

七、思 考 题

1. 本实验中,碘的用量是否要准确称取?为什么?

2. 出现下列情况,将会对本实验产生何种影响?

(1) 所取碘的量不够;

(2) 三只碘量瓶没有充分振荡;

(3) 在吸取清液时,不注意将沉在溶液底部或悬浮在溶液表面的少量固体碘带入吸量管。

3. 由于碘易挥发,所以在取溶液和滴定时操作上要注意什么?

八、报 告 格 式

1. 实验目的。

2. 实验原理。

3. 数据记录及结果处理(以表格形式列出)。

(王 岩)

实验五 醋酸电离度和电离 常数的测定

——pH 计的使用

一、实 验 目 的

1. 测定醋酸的电离度(α)和电离常数(Ka)。

2. 学习使用 pH 计。

3. 学习使用吸量管和移液管。

二、实验原理

醋酸是一元弱酸,在水溶液中存在以下电离平衡:

$$HAc \rightleftharpoons H^+ + Ac^-$$

若 c 为 HAc 的起始浓度,$[H^+]$、$[Ac^-]$ 和 $[HAc]$ 分别为 H^+、Ac^- 和 HAc 的平衡浓度,α 为电离度,Ka 为电离常数,则有

$$\alpha = \frac{[H^+]}{c} \times 100\%$$

$$Ka = \frac{[H^+][Ac^-]}{[HAc]} = \frac{[H^+]^2}{c - [H^+]}$$

用 pH 计测得醋酸溶液中 $[H^+]$,即可求得其电离度 α 和电离常数 Ka。

三、实验用品

(1) 仪器:pHS-3C 型酸度计(复合电极)、移液管(25ml)、吸量管(5ml)、烧杯(50ml)、容量瓶(50ml)。

(2) 试剂:0.1mol/L NaOH 标准溶液、0.1mol/L HAc 溶液。

四、实验内容

(一) 醋酸溶液浓度的测定

精密吸取 0.1mol/L HAc 溶液 10.00ml,置于 250ml 锥形瓶中,加酚酞指示剂 2 滴,用氢氧化钠标准溶液滴定至现浅红色,30 秒不褪色为滴定终点,记录 V_{NaOH},并计算 C_{HAc},将结果填入下表中

序号	1	2	3
NaOH 溶液的浓度(mol/L)			
HAc 溶液的用量(ml)			
NaOH 溶液消耗的体积(ml)			
HAc 溶液浓度(mol/L)			
平均浓度(mol/L)			

(二) 配制不同浓度的 HAc 溶液

用移液管或吸量管分别取 25.00ml、5.00ml、2.50mlHAc 标准溶液,分别置于 3

个 50ml 容量瓶中,用蒸馏水稀释至刻度,摇匀,计算出这 3 个容量瓶中 HAc 溶液的准确浓度。

(三) 测定不同浓度 HAc 溶液的 pH,并计算电离度(α)和电离常数(Ka)

将以上配制的 3 种不同浓度的 HAc 溶液分别加入干燥洁净的 50ml 烧杯中,另取 1 干燥洁净的 50ml 烧杯,加入 HAc 标准溶液,按由稀到浓的次序在 pH 计上分别测定它们的 pH,记录数据和室温。

(四) 数据记录及结果处理

室温

序号	HAc 浓度,mol/L	测得 pH	$[H^+]$,mol/L	电离度 α,%	电离常数 Ka	
					计算值	平均值
1						
2						
3						
4						

本实验测定的 Ka 值在 $1.0 \times 10^{-5} \sim 2.0 \times 10^{-5}$ 范围内合格(25℃的文献值为 1.71×10^{-5})

五、思 考 题

1. 改变所测 HAc 溶液的浓度或温度,电离度和电离常数有无变化? 若有变化,会有怎样的变化?

2. 若所用 HAc 溶液的浓度极稀,是否还能用 $Ka = \dfrac{[H^+]^2}{c}$ 来求电离常数? 为什么?

3. "电离度越大,酸度就越大",这句话是否正确?

六、注 意 事 项

1. 玻璃电极下端的玻璃球很薄,所以切忌与硬物接触,否则电极将失效。

2. 校准仪器时应尽量选用与待测溶液 pH 接近的标准缓冲溶液。

3. 校准仪器的标准溶液与被测溶液的温度应不大于 1℃。

七、报 告 格 式

1. 实验目的。

2. 实验原理。

3. 数据记录及结果处理(以表格形式列出)。

附:pHS-3C 型精密 pH 计测定溶液 pH 的方法

1. 开机

(1) 电极安装:将电极安装在 pH 计右侧的金属架上,电极导线插入仪器后端的插孔内。安装电极时要十分小心,以防玻璃电极碰破。

(2) 接电源,按下电源开关,预热 30 分钟。

2. 校准 仪器连续使用时,24 小时标定一次即可。

(1) 把"选择"开关旋钮置于 pH 档。

(2) 调节"温度补偿"旋钮,使旋钮白线对准溶液的温度值。

(3) 把"斜率调节"旋钮顺时针旋到底。

(4) 将清洗过的电极插入选定的标准缓冲溶液中,调节"定位"旋钮,使仪器显示读数与该缓冲溶液当时温度下的 pH 相一致。

3. 测量

(1) 清洗电极,用滤纸擦干。

(2) 将电极放入待测溶液中,轻轻晃动烧杯,待数据稳定后记录 pH。

(3) 清洗电极,测定下一个溶液的 pH。

4. 测量完后,关闭电源,洗净电极,并将电极保护套套上。

(李改茹)

实验六 酸碱性质与酸碱平衡

一、实 验 目 的

1. 掌握同离子效应对电离平衡的影响。

2. 学习缓冲溶液的配制方法,熟悉缓冲溶液中弱酸及其共轭碱浓度的比值与溶液 pH 关系。

3. 观察稀释以及加少量酸或碱对缓冲溶液 pH 的影响。

二、实验原理

同离子效应能使弱电解质的电离度降低,从而改变弱电解质溶液的 pH。pH 的变化可借助指示剂变色来确定,也可用 pH 计测定。缓冲溶液能抵抗外加少量酸、碱或水的稀释而保持溶液 pH 基本不变,缓冲溶液中具有抗酸和抗碱成分,对外加的少量酸或碱或稀释具有缓冲作用,如若缓冲溶液由弱酸及其共轭碱的混合溶液组成,它的 pH 可用下式表示:

$$pH = pKa + \lg \frac{c_{共轭碱}}{c_{弱酸}}$$

当温度一定时,某一弱酸的 pKa 为一常数。因此缓冲溶液的 pH 就随酸及其共轭碱的浓度比值而变,若制备缓冲溶液所用酸和共轭碱的浓度相等时,则配制时所取共轭碱和弱酸溶液体积比就等于它们的浓度比。上式可改写成:

$$pH = pKa + \lg \frac{V_{共轭碱}}{V_{弱酸}}$$

可见,取相同浓度的弱酸及其共轭碱配制缓冲溶液时,其毫升数的比值不同,即可得 pH 不同的缓冲溶液。稀释缓冲溶液时,溶液中共轭碱和弱酸的浓度都以相等比例降低,弱酸及其共轭碱浓度比值不改变。因此适当稀释不影响缓冲溶液的 pH。

三、实验用品

(1) 仪器:试管、试管夹、烧杯(100ml)、酸度计、移液管(25ml)、量筒(10ml)。

(2) 试剂:(0.1mol/L,1mol/L) HCl 溶液、0.1mol/L Na$_2$HPO$_4$ 溶液、0.1mol/L HAc 溶液、0.1mol/L NaOH 溶液、(0.1mol/L、1mol/L) NH$_3$ · H$_2$O 溶液、1mol/L NaAc 溶液、NH$_4$Ac(固)、0.1mol/L NH$_4$Cl 溶液、0.1mol/L FeCl$_3$ 溶液、0.1mol/L Na$_2$HPO$_4$溶液、0.1mol/L KH$_2$PO$_4$溶液、0.1mol/L MgCl$_2$溶液、pH 试纸、甲基橙指示剂、酚酞指示剂、溴麝香草酚蓝指示剂。

四、实验内容

(一)酸碱溶液的 pH

用 pH 试纸测定 0.1mol/L HCl 溶液、0.1mol/L HAc 溶液、蒸馏水、0.1mol/L NaOH 溶液、0.1mol/L NH$_3$ · H$_2$O 溶液的 pH,并与计算值相比较。结果填入下表。

实验内容	0.1mol/L HCl 溶液	0.1mol/L HAc 溶液	蒸馏水	0.1mol/L NaOH 溶液	0.1mol/L $NH_3 \cdot H_2O$ 溶液
pH 计算值					
pH 测定值					

(二) 同离子效应

1. 在试管中加入 1ml 0.1mol/L HAc 溶液和 2 滴甲基橙指示剂,摇匀,观察溶液颜色。再加入固体 NH_4Ac 适量,振摇使溶解,观察溶液颜色的变化,解释之。

2. 在试管中加入 1ml 0.1mol/L $NH_3 \cdot H_2O$ 溶液和 2 滴酚酞指示剂,摇匀,观察溶液颜色。再加入固体 NH_4Ac 适量,振摇使溶解,观察溶液颜色有何变化。将结果填入下表并解释之。

实验内容	实验现象	解释和反应式

(三) 缓冲溶液

1. 缓冲溶液的配制及其 pH 的测定 用移液管吸取 1mol/L $NH_3 \cdot H_2O$ 溶液和 0.1mol/L NH_4Cl 溶液各 10.00ml,置于 50ml 干燥洁净的小烧杯中,混匀后,用酸度计测定该缓冲溶液的 pH,并与计算值比较。将有关数据填下表。

缓冲溶液	pH(计算值)	pH(测定值)
10ml 1mol/L $NH_3 \cdot H_2O$ 溶液 +10ml 0.1mol/L NH_4Cl 溶液		

2. 缓冲溶液的缓冲作用 在上面配制的缓冲溶液中,用量筒量取 1ml 0.1mol/L HCl溶液加入摇匀,用酸度计测定 pH;再加入 2ml 0.1mol/L NaOH 溶液并摇匀,测定 pH;将有关数据填入下表并解释之。

缓冲溶液	pH(测定值)
加入 1ml 0.1mol/L HCl 溶液	
再加入 2ml 0.1mol/L NaOH 溶液	

讨论实验结果。

3. 稀释对缓冲溶液的影响 取两个小试管,在一试管中用移液管加入 0.1mol/L KH_2PO_4溶液 2.0ml 和 0.1mol/L Na_2HPO_4溶液 2.0ml,在另一试管中用移液管加入 0.1mol/L KH_2PO_4溶液 1.0ml 和 0.1mol/L Na_2HPO_4溶液 1.0ml,并加蒸

馏水稀释一倍,然后在两试管中各加入溴麝香草酚兰指示剂1滴,比较两试管中溶液的颜色,并解释所得的结果。

4. 缓冲溶液的应用 用 1mol/L $NH_3 \cdot H_2O$ 溶液和 0.1mol/L NH_4Cl 溶液配制成 pH=9 的缓冲溶液 10ml(应取 1mol/L $NH_3 \cdot H_2O$ 溶液_ ml 和 0.1mol/L NH_4Cl 溶液_ ml),然后一分为二,在 1 支试管中加入 10 滴 0.1mol/L $MgCl_2$ 溶液,另 1 支试管中加入 10 滴 0.1mol/L $FeCl_3$ 溶液,观察现象,试说明能否用此缓冲溶液分离 Mg^{2+} 和 Fe^{3+}。

五、思 考 题

1. 用酚酞是否能正确指示 HAc 或 NH_4Cl 溶液的 pH?为什么?
2. 为什么 $NaHCO_3$ 水溶液呈碱性,而 $NaHSO_4$ 水溶液呈酸性?
3. 缓冲溶液具有哪些性质?
4. $NaHCO_3$ 溶液是否具有缓冲能力?为什么?
5. 配制的缓冲溶液,其 pH 计算值与实验测定值为何不相同?

六、报 告 格 式

1. 实验目的。
2. 实验原理。
3. 列表说明实验内容、现象、原理和结论。

(海力茜·陶尔大洪)

实验七 溶解沉淀平衡

一、实 验 目 的

1. 熟悉沉淀平衡及沉淀平衡的移动。
2. 根据溶度积规则判断。
(1) 沉淀的生成和溶解。
(2) 沉淀的转化和分步沉淀。
3. 测定溶度积。

二、实 验 原 理

1. 在难溶盐的饱和溶液中,未溶解的固体与溶解后形成的离子之间存在着平

衡,若以 AB 代表难溶盐,A^{n+}、B^{m-} 代表溶解后的离子,它们之间存在着

$$A_aB_{b(s)} \rightleftharpoons aA^{n+}(aq) + bB^{m-}(nq)$$

$$Ksp = [A^{n+}]^a [B^{m-}]^b$$

Ksp 称为溶度积常数,简称溶度积。

在难溶电解质 A_aB_b 的溶液中,如任意状态中离子浓度幂的乘积(简称离子积)用 Qc 表示,利用沉淀的生成可以将有关离子从溶液中除去,但不可能完全除去。

在沉淀中若增加 A^{n+} 或 B^{m-} 的浓度,平衡向生成沉淀的方向移动,有沉淀析出,这种现象叫同离子效应。

据溶度积规则能判断沉淀的生成与溶解,Qc 和 Ksp 间的关系有以下三种可能:

(1) Qc = Ksp,沉淀与溶解达到动态平衡,该溶液是饱和溶液。

(2) Qc < Ksp,不饱和溶液。无沉淀析出或原有沉淀溶解,直至 Qc = Ksp。

(3) Qc > Ksp,溶液处于过饱和状态,平衡向析出沉淀的方向移动,直至 Qc = Ksp。

实验中有关难溶电解质的 Ksp 如下:

难溶电解质	$Pb(SCN)_2$	$PbCl_2$	PbI_2	$PbCrO_4$	CuS	PbS	$AgCrO_4$
Ksp	2.11×10^{-5}	1.60×10^{-5}	9.8×10^{-9}	2.8×10^{-13}	1.2×10^{-36}	9.0×10^{-29}	1.1×10^{-12}

2. 硫代乙酰胺的分子结构式为 CH_3CSH_2,水解后产生 H_2S,与 $PbCl_2$ 沉淀的反应如下:

$$CH_3CSH_2 + H_2O \longrightarrow CH_3COONH_2 + H_2S$$

$$PbCl_{2(s)} \rightleftharpoons 2Cl^- + Pb^{2+}$$

$$H_2S \rightleftharpoons 2H + S^{2-}$$

$$Pb^{2+} + S^{2-} \rightleftharpoons PbS_{(s)}(黑色)$$

3. 如果在溶液中有两种以上的离子都可以与一种沉淀剂反应生成难溶盐,沉淀的先后次序是根据所需沉淀剂离子浓度的大小而定。所需沉淀剂离子浓度小的先沉淀出来,所需沉淀剂离子浓度大的后沉淀出来,这种先后沉淀的现象,称为分步沉淀。

使一种难溶电解质转化为另一种难溶电解质的过程称为沉淀的转化,一般说来,溶解度大的难溶电解质容易转化为溶解度小的难溶电解质。

三、实 验 用 品

(1) 仪器:离心机、烧杯。

（2）药品：

1）酸：HNO₃ 6mol/L。

2）碱：NaOH 0.2mol/L、NH₃·H₂O mol/L。

3）盐：Pb（NO₃）₂ 0.1mol/L、0.001mol/L、KI 0.1mol/L、0.001mol/L、NH₄Cl 0.1mol/L、NH₄SCN 0.5mol/L、FeCl₃ 0.1mol/L、K₂CrO₄ 0.1mol/L、Na₂S 0.1mol/L、Na₂CO₃ 0.1mmol/L、NaCl 0.1mol/L、MgCl₂ 0.2mol/L、（NH₄）₂C₂O₄饱和溶液、AgNO₃ 0.1mol/L、CuSO₄ 0.1mol/L、CuCl₂ 0.1mol/L、BaCl₂ 0.3mol/L、硫代乙酰胺溶液、pH试纸。

四、实验内容

（一）沉淀平衡与同离子效应

1. 沉淀溶解平衡　取 0.1mol/L Pb（NO₃）溶液 10 滴,加 0.5mol/L 硫氰酸铵溶液至沉淀完全,振荡试管（由于 Pb（SCN）₂容易形成过饱和溶液,可用玻棒摩擦试管内壁,或剧烈摇动试管）。离心分离,在离心液中加 0.1mol/L K₂CrO₄溶液,振荡试管,有什么现象？试说明在沉淀移去后离心液中是否有 Pb²⁺存在？

2. 同离子效应　在试管中加 1ml 饱和 PbI₂溶液,然后加 5 滴 KI 0.1mol/L 溶液,振摇片刻,观察有何现象产生？为什么？

（二）溶度积规则应用

1. 沉淀的生成

（1）在试管中加 1ml 0.5mol/L Pb（NO₃）₂溶液,然后加 1ml 0.1 Pb（NO₃）₂ 0.1mol/L 溶液,观察有无沉淀生成。试以溶度积规则解释之。

（2）在试管中加 1ml 0.001mol/L Pb（NO₃）₂溶液,然后加 1ml 0.001mol/L KI 溶液,观察有无沉淀生成。试以溶度积规则解释之。

（3）在离心管中加 2 滴 0.5mol/L Na₂S 溶液和 5 滴 0.5mol/L K₂CrO₄溶液。加 5ml 蒸馏水稀释,再加 5 滴 0.1mol/L Pb（NO₃）₂溶液,观察首先生成的沉淀是黑色还是黄色？离心分离,再向离心液中滴加 0.1mol/L Pb（NO₃）₂溶液,会出现什么颜色的沉淀？根据有关溶度积数据加以说明。

2. 沉淀的溶解

（1）取 0.3mol/L BaCl₂溶液 5 滴,加饱和草酸铵溶液 3 滴,此时有白色沉淀生成,离心分离,弃去溶液,在沉淀上滴加 6mol/L HCl 溶液,有何现象？写出反应式。

（2）取 0.1mol/L AgNO₃溶液 10 滴,加 0.1mol/L NaCl 溶液 10 滴,离心分离,弃去溶液,在沉淀上滴加 2mol/L 氨水溶液有何现象,写出反应式。

（3）取 0.1mol/L FeCl₃溶液 5 滴,加 0.2mol/L NaOH 溶液 5 滴,生成 Fe（OH）₃

沉淀;另取 0.1mol/L CaCl$_2$ 溶液 5 滴,加 0.1mol/L Na$_2$CO$_3$ 溶液 5 滴,得 CaCO$_3$ 沉淀。分别在沉淀上滴加 6mol/L HCl,观察它们的现象。写出反应式。

（4）在试管中加 10 滴 0.2mol/L MgCl$_2$ 溶液,再滴加 2mol/L 的氨水,观察有何现象？然后再滴 1mol/L NH$_4$Cl 溶液,又有何现象发生？写出反应式。

（5）在置有 5 滴 0.1mol/L CuSO$_4$ 溶液的试管中加 0.1mol/L 的 Na$_2$S 溶液 5 滴,观察有何现象？然后向该试管中滴加 10 滴 6mol/L HNO$_3$ 溶液,并微热之,观察有何现象？写出反应式。

3. 沉淀的转化

（1）在置有 10 滴 0.1mol/L AgNO$_3$ 溶液的试管中,加 5 滴 0.1mol/L NaCl 溶液,然后滴加 0.1mol/L KI 溶液,观察有何现象产生,写出反应式。

（2）取 0.1mol/L Pb(NO$_3$)$_2$ 溶液 5 滴,加 3 滴 0.1mol/L NaCl 溶液,有白色沉淀生成,再加 5 滴硫代乙酰胺溶液,水浴加热,有何现象,为什么？

4. 分步沉淀

（1）在置有 5 滴 0.1mol/L NaCl 溶液和 5 滴 0.1mol/L KI 溶液中,然后逐滴加入 0.1mol/L AgNO$_3$ 溶液,观察有何现象产生,写出反应式。

（2）在置有 10 滴 0.1mol/L AgNO$_3$ 溶液的试管中,加 10 滴 0.1mol/L K$_2$CrO$_4$ 溶液,然后滴加 0.1mol/L NaCl 溶液 10 滴,观察有何现象产生。写出反应式。

（三）氢氧化镁溶度积的估算

取 50ml 烧杯 1 个,加 0.2mol/L MgCl$_2$ 溶液 25ml,烧杯底部衬一黑纸。在 MgCl$_2$ 溶液中逐滴滴入 0.2mol/L 氢氧化钠溶液,并不断搅拌,直到开始有沉淀产生（在强光下观察）,氢氧化钠溶液不能过量,为什么？放置,用 pH 试纸测定溶液的 pH,计算 [OH$^-$] 和 Ksp。

五、注意事项

1. 离心机的使用及注意事项

（1）记住自己放入的位置。

（2）离心管应对称放置,以防止由于重量不均衡引起振动而造成轴的磨损。只有一份溶液需离心时,应再取一只空白离心管,加入与试样体积相同的蒸馏水,与试样离心管一起对称放入离心机进行离心。

（3）停止离心操作时,不可用手去按住离心机的轴,应让其自然停止转动。

2. 溶液和沉淀分离的操作　取一毛细吸管,先捏紧其橡皮头,然后插入试管中,插入的深度以尖端接近沉淀而不接触沉淀为限。然后慢慢放松橡皮头,吸出溶液移去,这样反复数次尽可能把溶液移去,留下沉淀。

3. 水浴加热是在一定温度范围内进行较长时间加热的一种方法。此外，还有油浴、沙浴、蒸汽浴等。水浴加热可用铜制水锅，也可用烧杯代替。在烧杯中放入一定量的水，在电炉（或其他热源）上加热后即为水浴。将需进行水浴加热的样品试管放入其中即可。

4. 离心管是用来进行离心分离的试管　标有刻度且管底玻璃较薄，整个试管的厚度不匀。所以离心管不能用直火加热，只能在水浴中加热。

六、思　考　题

1. 难溶电解质与弱电解质在性质上有哪些相同与不同之处？要区别电离度和溶解度的概念。

2. 沉淀平衡与弱电解质的电离平衡有哪些相同的地方？

3. 沉淀平衡中的同离子效应与电离平衡中的同离子效应是否相同？

4. 沉淀生成的条件是什么？

5. 什么叫分步沉淀？怎样根据溶度积的计算来判断本实验中沉淀先后次序？

6. 沉淀的溶解有哪几种方法？

七、报　告　格　式

1. 实验目的。

2. 实验内容。

例：

$$Pb^{2+} + SCN^- \longrightarrow Pb(SCN)_2 \downarrow \begin{array}{c} \overset{离心}{\underset{分离}{}} \end{array} \begin{cases} 溶液 + CrO_4^{2-} \rightarrow PbCrO_4 \downarrow 黄 \\ 沉淀 \ Pb(SCN)_2 \downarrow \end{cases}$$

结论：说明离心液中仍含有 Pb^{2+} 离子。

（孙　莲）

实验八　碘酸铜溶度积的测定

一、实　验　目　的

1. 加强对溶度积原理的理解。

2. 学习沉淀(难溶盐)的制备、洗涤及过滤等操作方法。

3. 学习分光光度计的使用。

二、实 验 原 理

难溶盐碘酸铜是强电解质,它和一切难溶电解质一样,与其饱和水溶液建立如下平衡:

$$Cu(IO_3)_{2(s)} \underset{}{\overset{溶解}{\rightleftharpoons}} Cu(IO_3)_2 \underset{}{\overset{解离}{\rightleftharpoons}} Cu^{2+} + 2IO_3^-$$

上式可简化为:

$$Cu(IO_3)_{2(s)} \rightleftharpoons Cu^{2+} + 2IO_3^-$$

碘酸铜的溶度积为:

$$K_{sp} = [Cu^{2+}][IO_3^-]^2 \tag{1}$$

在碘酸铜饱和溶液中,Cu^{2+} 的浓度等于 $Cu(IO_3)_2$ 在该温度下的摩尔溶解度 S_0,所以有

$$K_{sp} = [Cu^{2+}][IO_3^-]^2 = S_0(2S_0)^2 = 4S_0^3 = 4[Cu^{2+}]^3 \tag{2}$$

为测定 $[Cu^{2+}]$,须在 $Cu(IO_3)_2$ 饱和溶液中加入氨水,使 Cu^{2+} 变成蓝色的 $[Cu(NH_3)_4]^{2+}$,反应式如下:

$$Cu^{2+} + 4NH_3 \rightleftharpoons [Cu(NH_3)_4]^{2+}(蓝色)$$

由于反应定量,所以 $Cu^{2+} \approx [Cu(NH_3)_4]^{2+}$ 设其 C_x、C_s 可通过分光光度法测定。根据 Lambert-Beer 定律,当某一单色光通过一定厚度的有色物质溶液时,有色物质对光的吸收程度(以吸光度 A 表示)与有色物质的浓度(C)成正比,公式如下:

$$A = \varepsilon Cl \tag{3}$$

ε 为比例常数,称为摩尔吸光系数,它与有色物质的种类和单色光的波长有关。已知 $[Cu(NH_3)_4]^{2+}$ 的稀溶液符合定律 Lambert-Beer,在单色光波长为 620nm 时,以蒸馏水为空白,测定待测液(浓度为 C_x)的吸收度 A_x 则有如下关系:

$$A_x = \varepsilon C_x l \tag{4}$$

对准确已知 $[Cu(NH_3)_4]^{2+}$ 浓度(C_s)的标准浓度,测其吸收度(A_s),公式为:

$$A_s = \varepsilon C_s l \tag{5}$$

出于 ε 相同,当 l 相同时得:

$$C_x = \frac{A_x}{A_s} \times C_s \tag{6}$$

可求出 C_x,进而推算出 $Cu(IO_3)_2$ 饱和溶液中 Cu^{2+} 的浓度代入(2)式,可求出 K_{sp}。

三、实 验 用 品

(1) 仪器:721 型分光光度计、吸量管(2ml)、移液管(25ml)、移液管(20ml)、容量瓶(50ml)、量筒(20ml、50ml)、3 个烧杯(50ml)及 2 个漏斗。

(2) 试剂:0.25mol/L Cu(NO$_3$)$_2$溶液、0.5mol/L NaIO$_3$溶液、2mol/L 氨水及 0.1mol/L Cu(NO$_3$)$_2$溶液。

四、实 验 步 骤

1. 固体碘酸铜的制备　用 20ml 量筒量取 0.25mol/L Cu(NO$_3$)$_2$溶液,置 50ml 小烧杯中,再加 15ml 0.5mol/L NaIO$_3$溶液,有白色沉淀(碱式碘酸铜[Cu(OH)IO$_3$]形成)水浴中微热复溶,室温下边搅伴边冷却,直至有大量蓝色碘酸铜沉淀出现。静置,弃去上清夜. 用 20ml 纯水以倾析法洗涤沉淀 2 次过滤,用少量蒸馏水淋洗沉淀 3~4 次,得纯净的蓝色 Cu(IO$_3$)$_2$沉淀。

2. Cu(NO$_3$)$_2$饱和溶液的制备　将上述 Cu(IO$_3$)$_2$沉淀置于 100ml 烧杯中,加入 100ml 蒸馏水,边加热边搅拌至沸腾,自然冷却至室温,用漏斗将溶液过滤到 100ml 烧杯中。

3. 未知测定液的配置　精确量取上述滤液 25.00ml,置于 50.00ml 容量瓶中,用 20ml 移液管精密加滴 20.00ml 2mol/L 氨水,用蒸馏水稀释至刻度,混匀,备用。

4. 标准[Cu(NH$_3$)$_4$]$^{2+}$溶液的配置　精确量取 2.00ml 0.1000mol/L Cu(NO$_3$)$_2$溶液置于 50ml 容量瓶中,准确加入 20.00ml 2.0mol/L 氨水,用蒸馏水稀释至刻度,混匀,备用。

5. 吸光度的测定　在 620nm 波长光下,以蒸馏水为空白,用 1cm 的比色杯,用 721 型分光光度计测定标准溶液和待测液的吸光度。

6. 结果处理　根据式(6),得出 C_x 将 C_x 代入式(2),即可求出 K_{sp}。

五、注 意 事 项

1. 正确使用 721 型分光光度计。

2. 制备固体碘酸铜时,水浴中微热复溶后,必须在室温下边搅伴边冷却,直至有大量蓝色碘酸铜沉淀出现(约 10 分钟)。

六、思 考 题

1. 为什么必须对沉淀进行多次洗涤? 为什么必须使用干燥的漏斗、滤纸和烧杯?

2. 可否用白色沉淀作测定? 为什么?

3. 氨水量的多少对测定结果有影响吗? 为什么?

七、报 告 格 式

1. 实验目的。

2. 实验原理。

3. 实验数据处理、结论与讨论。

（张　炟）

 # 实验九　醋酸银溶度积的测定

一、实 验 目 的

1. 了解醋酸银溶度积常数的测定原理和方法。

2. 学习离心分离操作和离心机的使用。

二、实 验 原 理

AgAc 是微溶性强电解质,在一定温度下,饱和水溶液中的 Ag^+ 离子和 Ac^- 离子与固体 AgAc 之间,存在下列平衡:

$$AgAc(s) \Longrightarrow Ag^+(aq) + Ac^-(aq)$$

此时, $K_{sp} = [Ag^+][Ac^-]$

在一定温度下,如果将一定量已知浓度的 $AgNO_3$ 和 NaAc 溶液混合,便有 AgAc 沉淀产生。达到平衡时,溶液即为饱和溶液。分离沉淀后,测定溶液中的 $[Ag^+]$ 和 $[Ac^-]$,便可计算 K_{sp}。

$[Ag^+]$ 的测定方法如下:以 Fe^{3+} 作指示剂,用已知浓度的 NH_4SCN 溶液进行滴定,SCN^- 能和 Ag^+ 及 Fe^{3+} 发生下列反应:

$$SCN^- + Ag^+ \Longrightarrow AgSCN \downarrow (白), K = \frac{1}{[SCN^-][Ag^+]} = \frac{1}{K_{sp}} = 8.6 \times 10^{11}$$

$$SCN^- + Fe^{3+} \Longrightarrow FeSCN^{2+}(血红), K_稳 = \frac{[FeSCN^{2+}]}{[Fe^{3+}][SCN^-]} = 8.9 \times 10^2$$

由于 K 比 $K_稳$ 大得多,所以当滴入 NH_4SCN 溶液时,首先生成白色的 $AgSCN$ 沉淀,一旦溶液出现不消失的浅红色{即生成了少量的 $[FeSCN]^{2+}$ 时},则可认为 Ag^+ 已完全沉淀,滴定即到终点。由所用 NH_4SCN 溶液的体积,可算出饱和溶液中的 $[Ag^+]$。

$[Ac^-]$ 可按如下方法计算:设 $AgNO_3$ 和 $NaAc$ 的混合溶液的体积为 V,$AgAc$ 沉淀前混合溶液中 Ag^+ 的毫摩尔数为 a,Ac^- 的毫摩尔数为 b;$AgAc$ 沉淀后溶液中的 $[Ag^+]$ 为 c,则沉淀 $AgAc$ 的毫摩尔数为 $a-Vc$,$AgAc$ 沉淀后溶液中 Ac^- 的毫摩尔数为 $b-(a-Vc)$,则 $[Ac^-]=\dfrac{b-(a-Vc)}{V}$。

三、实 验 用 品

(1) 仪器:酸式滴定管,离心管(15ml),锥形瓶,吸量管(5ml、10ml),玻璃棒,量筒(10ml),离心机。

(2) 试剂:2mol/L HNO_3 溶液、0.200mol/L $AgNO_3$ 溶液、0.200mol/L $NaAc$ 溶液、0.100mol/L NH_4SCN 标准溶液、饱和 $Fe(NO_3)_3$ 溶液。

四、实 验 内 容

1. 取 1 支洁净、干燥的 15ml 离心管,用 5ml 吸量管往离心管中加入 3.50ml 0.20mol/L 的 $AgNO_3$ 溶液,再用 10ml 吸量管往离心管中加入 6.50ml 0.20mol/L 的 $NaAc$ 溶液。用洗净干燥的玻璃棒搅拌离心管中的混合溶液,待析出 $AgAc$ 沉淀后,再继续搅拌 1~2 分钟,离心沉降,然后小心地将清液转移到另 1 支洁净、干燥的离心管中。如清液转移时带有少量沉淀,则需要离心分离一次。

另取 1 支 5ml 洁净、干燥的吸量管,吸取 5.00ml 清液,加到洁净干燥的锥形瓶中,再向锥形瓶中加入 5ml 2mol/L HNO_3 溶液(用量筒量取)和 8 滴饱和 $Fe(NO_3)_3$ 溶液,然后用已知浓度的 NH_4SCN 溶液滴至溶液出现浅红色不再消失为止。记下所用 NH_4SCN 溶液的体积,并计算清液中的 $[Ag^+]$,再计算 $[Ac^-]$ 和 K_{sp}。

2. 取 3.00ml 0.20mol/L $AgNO_3$ 和 7.00ml 0.20mol/L $NaAc$ 溶液重复上述实验。计算 K_{sp}。

3. 取 2.50ml 0.20mol/L $AgNO_3$ 和 7.50ml 0.20mol/L $NaAc$ 溶液重复上述实验。计算 K_{sp}。

4. 数据记录及结果处理,如下表:

实验序号	1	2	3
0.20mol/L AgNO$_3$ 溶液体积,ml	3.5	3.00	2.50
0.20mol/L NaAc 溶液体积,ml	6.5	7.00	7.50
混合溶液的体积 V,ml	10.00	10.00	10.00
沉淀前混合溶液中 Ag$^+$ 的毫摩尔数 a			
沉淀前混合溶液中 Ac$^-$ 的毫摩尔数 b			
滴定 5.00ml 清液所用 NH$_4$SCN 溶液的体积 V_{SCN^-},ml			
NH$_4$SCN 溶液的浓度 mol/L			
Ag$^+$ 平衡浓度 $[Ag^+]=c=\dfrac{c_{SCN^-}\cdot V_{SCN^-}}{5.00}$mol/L			
沉淀 AgAc 的毫摩尔数 $(a-Vc)$			
沉淀后溶液中 Ac$^-$ 的毫摩尔数 $[b-(a-Vc)]$			
Ac$^-$ 的平衡浓度 $[Ac^-]=\left[\dfrac{b-(a-Vc)}{V}\right]$,mol/L			
$K_{sp}=[Ag^+]\cdot[Ac^-]$			

五、注意事项

1. 摇动锥形瓶时必须轻轻地旋摇,以使沉淀完全并防止溶液溅出。
2. 滴定终点应为浅棕红色[Fe(SCN)$_3$的颜色]。
3. 操作完毕后,仪器需立即洗净,否则会有 Ag 析出。

六、思考题

1. 在实验中,AgNO$_3$ 和 NaAc 溶液的取量不同,Ag$^+$ 和 Ac$^-$ 的起始浓度是否相等?平衡浓度是否相等?两者平衡浓度的乘积是否相等?

2. 用 NH$_4$SCN 溶液滴定 Ag$^+$ 时,为什么要在酸性介质中进行?而且所用的是 HNO$_3$ 而不是 HCl 或 H$_2$SO$_4$ 溶液?

3. 在进行滴定时,若 NH$_4$SCN 溶液加过量了,可采用什么办法进行弥补而得到滴定结果?

4. 下列情况对实验结果有何影响?
(1) 所用的离心管不干燥;
(2) 取 AgNO$_3$ 和 NaAc 溶液的吸量管混用了;
(3) Ag$^+$、Ac$^-$ 和沉淀 AgAc 还没有达到平衡就进行分离;
(4) 所取"清液"不清而带入少量的 AgAc 沉淀。

七、报告格式

1. 实验目的。

2. 实验原理。

3. 数据记录及结果处理(以表格形式列出)。

(孙　莲)

 # 实验十　氧化还原反应

一、实验目的

1. 掌握电极电势与氧化还原反应的关系。

2. 掌握浓度、酸度、温度、催化剂对氧化还原反应的影响。

3. 熟悉常用氧化剂和还原剂。

4. 通过实验了解化学电池电动势。

二、实验原理

氧化还原反应的实质是反应物之间发生了电子的转移或偏移。氧化剂在反应中得到电子,还原剂失去电子。氧化剂、还原剂的相对强弱,可用它们的氧化态及其共轭还原态所组成的电对的电极电势大小来衡量。根据电极电势的大小,还可以判断氧化还原反应进行的方向。

浓度、酸度、温度均影响电极电势的数值。它们之间的关系可用 Nernst 方程式表示:

$$E = E^{\theta} + \frac{RT}{nF}\ln\frac{C_{Ox}^{a}}{C_{Red}^{b}} \ \text{或} \ E = E^{\theta} + \frac{0.059}{n}\lg\frac{C_{Ox}^{a}}{C_{Red}^{b}}$$

三、实验用品

(1) 仪器:pH 计、盐桥、铜片、锌片、导线、酒精灯、烧杯(50ml)、试管、量筒(50ml)。

(2) 试剂:HCl 溶液(2mol/L、浓)、1mol/L H_2SO_4 溶液、3mol/L H_2SO_4 溶液、6mol/L HAc 溶液、0.1mol/L $H_2C_2O_4$ 溶液、6mol/L NaOH 溶液、6mol/L $NH_3 \cdot H_2O$ 溶液、0.1mol/L KI 溶液、0.1mol/L KBr 溶液、0.1mol/L $FeCl_3$ 溶液、0.1mol/L $FeSO_4$ 溶液、0.1mol/L NH_4SCN 溶液、0.1mol/L $ZnSO_4$ 溶液、1mol/L $CuSO_4$ 溶液、0.1mol/L KIO_3 溶液、0.1mol/L $AgNO_3$ 溶液、0.1mol/L Na_2SO_3 溶液、0.1mol/L $MnSO_4$ 溶液、0.01mol/L $KMnO_4$ 溶液、CCl_4、碘水、溴水、MnO_2(固)、$(NH_4)_2S_2O_8$(固)、淀粉-碘化

钾试纸、3% H_2O_2 溶液。

四、实验内容

(一) 电极电势与氧化还原反应的关系

1. 在 1 支试管中加入 0.5ml 0.1mol/L KI 溶液和 2 滴 0.1mol/L $FeCl_3$ 溶液,摇匀后加入 0.5ml CCl_4,充分振荡,观察 CCl_4 层的颜色变化并解释。

2. 用 0.1mol/L KBr 溶液代替 0.1mol/L KI 溶液,进行同样的实验观察现象,解释实验现象。

3. 在 2 支试管中,分别加入 5 滴碘水和溴水,与 0.5ml0.1mol/L $FeSO_4$溶液,摇匀后,观察现象。再各加 1 滴 0.1mol/L NH_4SCN 试液,又有何现象?为什么?

根据以上实验的结果,定性比较 Br_2/Br^-,I_2/I^- 和 Fe^{3+}/Fe^{2+} 3 个电对的标准电极电势的相对大小,并指出哪种物质是最强的氧化剂,哪种物质是最强的还原剂,进而说明电极电势与氧化还原反应进行方向有何关系。写出有关反应方程式。

(二) 浓度对电极电势的影响

在 2 个小烧杯中,分别加入 1mol/L $CuSO_4$ 溶液 25ml 和 1mol/L $ZnSO_4$ 溶液 25ml,在 $CuSO_4$ 和 $ZnSO_4$ 溶液中分别插入铜片和锌片,中间以盐桥相通。用导线将锌片和铜片分别与 pH 计的负极和正极相连,将 pH-mV 开关扳向"+mV"处,测原电池的电动势,记下读数。

取出盐桥,在 $CuSO_4$ 溶液中加入 6mol/L $NH_3 \cdot H_2O$ 并不断搅拌至生成的沉淀完全溶解为止。放入盐桥,测此时的电动势,记下读数。

再取出盐桥,同样在 $ZnSO_4$ 溶液中加入 6mol/L $NH_3 \cdot H_2O$ 并不断搅拌至生成的沉淀完全溶解为止。放入盐桥,测电动势,记下读数。

比较 3 次电动势的测定结果,并写出各步反应方程式,利用 Nernst 方程式解释。

(三) 浓度和酸度对氧化还原反应方向的影响

1. 浓度的影响　在 1 支试管中加入少许固体 MnO_2 和 10 滴 2mol/L HCl 溶液,用湿的淀粉—碘化钾试纸在试管口检验有无 Cl_2 生成。

用浓 HCl 代替 2mol/L HCl 溶液进行同样的实验。比较实验结果,并解释之,写出各步的反应方程式。

2. 酸度的影响　在试管中加入 0.5mL 0.1mol/L KI 溶液和 2 滴0.1mol/L KIO_3

溶液,再加几滴淀粉溶液,混合后观察溶液颜色有无变化。然后加 2~3 滴 1mol/L H_2SO_4 溶液酸化混合液,观察有何变化,最后滴加 2~3 滴 6mol/L NaOH 使混合液显碱性,又有何变化。写出有关反应式。

(四) 酸度、温度和催化剂对氧化还原反应速率的影响

1. 酸度的影响　在 2 支试管中各加入 5 滴 0.1mol/L KBr 溶液,然后在 1 支试管中加入 10 滴 3mol/L H_2SO_4 溶液,另 1 支试管中加入 10 滴 6mol/L HAc 溶液,再各加入 1 滴 0.01mol/L $KMnO_4$ 溶液。观察并比较 2 支试管中紫色退去的快慢。并解释之。

2. 温度的影响　在 2 支试管中各加入 5 滴 0.1mol/L $H_2C_2O_4$ 溶液和 1 滴 0.01mol/L $KMnO_4$ 溶液,摇匀。将其中 1 支试管水浴加热数分钟,另 1 支不加热。观察 2 支试管中紫色退去的快慢。写出反应方程式并解释之。

3. 催化剂的影响　在 2 支试管中分别加入 10 滴 3mol/L H_2SO_4 溶液、1 滴 0.1mol/L $MnSO_4$ 溶液和少量 $(NH_4)_2S_2O_8$ 固体,振荡使其溶解。然后往 1 支试管中加入 1~2 滴 0.1mol/L $AgNO_3$ 溶液,另 1 支不加。微热,观察 2 支试管中颜色的变化,写出反应方程式并解释之。

(五) 酸度对氧化还原反应产物的影响

在 3 支试管中,分别加入 2 滴 0.01mol/L $KMnO_4$ 溶液,然后在第一支试管中加入 0.5ml 1mol/L H_2SO_4 溶液,第二支试管中加入 0.5ml 蒸馏水,第三支试管中加入 0.5ml 6mol/L NaOH 溶液,再分别加入 0.5ml 0.1mol/L Na_2SO_3 溶液。观察 3 支试管中颜色的变化,写出反应方程式并解释。

(六) 氧化数居中的物质的氧化还原性

1. 在试管中加入 0.5ml 0.1mol/L KI 溶液和 2~3 滴 1mol/L H_2SO_4 溶液,再加入 1~2 滴 3% H_2O_2 溶液,观察试管中溶液颜色的变化。

2. 在试管中加入 2 滴 0.01mol/L $KMnO_4$ 溶液,再加入 3 滴 1mol/L H_2SO_4 溶液,摇匀后滴加 2 滴 3% H_2O_2 溶液,观察溶液颜色的变化。

五、思　考　题

1. 实验室用 MnO_2 和盐酸制备 Cl_2 时,为什么用浓盐酸而不用稀盐酸?

2. 根据标准电极电势如何判断氧化剂和还原剂的相对强弱? 如何判断氧化还原反应进行的方向?

3. 浓度、酸度、温度、催化剂对氧化还原反应的方向、速率和产物有何影响?

4. 通过实验,你熟悉了哪些氧化剂？还原剂？它们的产物是什么？

5. 为什么 H_2O_2 即具有氧化性,又具有还原性,试从标准电极电势予以说明？

6. 介质对 $KMnO_4$ 氧化性有何影响？$KMnO_4$ 溶液在酸度较高时,氧化性较强,为什么？

六、报 告 格 式

1. 实验目的。

2. 实验原理。

3. 列表说明实验内容、原理、解释现象。

(海力茜·陶尔大洪)

实验十一　药用氯化钠的精制

一、实 验 目 的

1. 掌握药用氯化钠的制备原理和方法。

2. 练习蒸发、结晶、过滤等基本操作,学习减压过滤的方法。

二、实 验 原 理

药用氯化钠是以粗食盐为原料进行提纯的。粗食盐中除了含有泥沙等不溶性杂质外,还有 K^+、Ca^{2+}、Mg^{2+}、Fe^{3+}、SO_4^{2-}、CO_3^{2-}、Br^-、I^- 等可溶性杂质。不溶性杂质可采用过滤的方法除去,可溶性杂质则选用适当的试剂使生成难溶化合物后过滤除去。

少量可溶性杂质(如 K^+、Br^-、I^- 等),由于含量很少,可根据溶解度的不同在结晶时,使其残留在母液中而除去。

三、实 验 用 品

(1) 仪器:试管、烧杯、量筒(10 ml、50 ml)、真空泵、漏斗、漏斗架、台秤、布氏漏斗、吸滤瓶、蒸发皿、石棉网、电炉。

(2) 试剂:HCl 溶液 (0.02mol/L、2mol/L、6mol/L)、1mol/L H_2SO_4 溶液、NaOH

溶液(0.02mol/L、1mol/L)、6mol/L NH$_3$·H$_2$O、饱和 Na$_2$CO$_3$ 溶液、25% BaCl$_2$ 溶液、pH 试纸、粗食盐。

四、实 验 内 容

1. 在台秤上称取 25.0g 粗食盐于 200ml 烧杯中,加入蒸馏水 100ml,搅拌,加热使其溶解。

2. 继续加热至近沸,在搅拌下逐滴加入 25% BaCl$_2$ 溶液约 6~8ml 至沉淀完全(为了检查沉淀是否完全,可停止加热,待沉淀沉降后,用滴管吸取少量上层清液于试管中,加 2 滴 6mol/L HCl 溶液酸化,再加 1~2 滴 BaCl$_2$ 溶液,如无混浊,说明已沉淀完全。如出现混浊则表示 SO$_4^{2-}$ 尚未除尽,需继续滴加 BaCl$_2$ 溶液)。继续加热煮沸约 5 分钟,使颗粒长大而易于过滤。稍冷,抽滤,弃去沉淀。

3. 将滤液加热至近沸,在搅拌下逐滴加入饱和 Na$_2$CO$_3$ 溶液至沉淀完全(检查方法同前)。再滴加少量 1mol/L NaOH 溶液,使 pH 为 10~11。继续加热至沸,稍冷,抽滤,弃去沉淀,将滤液转入洁净的蒸发皿内。

4. 用 2mol/L HCl 调节滤液 pH 为 3~4,置石棉网上加热蒸发浓缩,并不断搅拌,浓缩至糊状稠液为止,趁热抽滤至干。

5. 将滤得的 NaCl 固体加适量蒸馏水,不断搅拌至完全溶解,如上法进行蒸发浓缩,趁热抽滤,尽量抽干。把晶体转移到干燥蒸发皿中,置石棉网上,小火烘干,冷却,称重,计算产率。

五、注 意 事 项

1. 将粗食盐加水(自来水)至全部溶解(其量根据食盐溶解度计算)为限,用水量不能过多,以免给以后蒸发浓缩带来困难。

2. 减压抽滤时,要注意防止回吸。

3. 再加沉淀剂过程中,溶液煮沸时间不宜过长,以免水分蒸发而使 NaCl 晶体析出。若发现液面有晶体析出时,可适当补充蒸馏水。

4. 浓缩时不可蒸发至干,要保留少量水分,以使 Br$^-$、I$^-$、K$^+$ 等离子随母液去掉,并在抽滤时用玻璃瓶盖尽量将晶体压干。

六、思 考 题

1. 如何除去粗食盐中的 Mg^{2+}、Ca^{2+}、SO$_4^{2-}$ 离子?怎样检查这些离子是否已经沉淀完全?

2. 除去 Mg^{2+}、Ca^{2+}、SO_4^{2-} 等离子时，为什么要先加入 $BaCl_2$ 溶液，然后再加入 Na_2CO_3溶液？

3. 加盐酸酸化滤液的目的是什么？是否可用其他强酸（如 HNO_3）调节 pH？为什么？

4. 食盐原料中的 K^+、Br^-、I^-等离子是怎样除去的。

5. 精制食盐时，为什么必须先加 $BaCl_2$，再加 Na_2CO_3最后加 HCl？改变加入的次序是否行？

七、报 告 格 式

1. 实验目的。

2. 实验原理。

3. 实验步骤(用流程图表示)。

4. NaCl 精品产量并计算产率。

（王　岩）

实验十二　药用氯化钠杂质限度检查

一、实 验 目 的

初步了解药品的质量检查方法。

二、实 验 原 理

对产品杂质限度的检查，是根据沉淀反应原理，样品管和标准管在相同条件下进行比浊试验，样品管不得比标准管更深。

三、实 验 用 品

(1) 仪器：试管、烧杯、量筒(10ml、50ml)、台秤、蒸发皿。

(2) 试剂：HCl 溶液(0.02mol/L、2mol/L)、1mol/L H_2SO_4、NaOH(0.02mol/L、1mol/L)、6mol/L $NH_3 \cdot H_2O$、25% $BaCl_2$、0.25mol/L ($NH_4)_2C_2O_4$、氯仿、2%氯胺 T 溶液、0.05%太坦黄溶液、淀粉混合液(新配制)、标准 KBr 溶液、标准镁溶液、溴麝香草酚蓝指示剂。

四、实 验 内 容

1. 溶液的澄清度   取本品 0.5g,加蒸馏水 2.5ml 溶解后,溶液应澄清。

2. 酸碱度   取本品 0.1g,加新鲜蒸馏水 10ml 溶解,加 2 滴溴麝香草酚蓝指示剂,如显黄色,加 0.02mol/L NaOH 溶液 0.10 ml,应变为蓝色;如显蓝色或绿色,加 0.02mol/L HCl 溶液 0.20ml,应变为黄色。

NaCl 为强酸强碱盐,其水溶液应呈中性。但在制备过程中,可能夹杂少量的酸或碱,所以药典把它限制在很小范围。溴麝香草酚蓝指示剂的变色范围是 pH6.0~7.6,颜色由黄色到蓝色。

3. 碘化物   取本品的细粉 1.0g,置瓷蒸发皿内,滴加新配制的淀粉混合液适量使晶粉湿润,置日光下(或日光灯下)观察,5 分钟内晶粒不得显蓝色痕迹。

4. 溴化物   取本品 1.0g,加蒸馏水 5ml 使溶解,加 2mol/L HCl 溶液 3 滴与氯仿 1.0ml,边振摇边滴加 2% 氯胺 T 溶液(临用新制)3 滴,氯仿层如显色,与标准 KBr 溶液 0.5ml 溶液用同一方法制成的对照液比较,不得更深。

5. 钡盐   取本品 2.0g,加蒸馏水 10ml 溶解后,过滤,滤液分为两等份。一份中加 1.0mol/L H_2SO_4 溶液 2ml,另一份中加蒸馏水 2ml,静置 15 分钟,两液应同样澄清。

6. 钙盐   取本品 1.0g,加蒸馏水 5ml 使溶解,加 6mol/L $NH_3 \cdot H_2O$ 溶液 0.5ml,摇匀,加 0.25mol/L $(NH_4)_2C_2O_4$ 溶液 0.5ml,5 分钟内不得发生混浊。

7. 镁盐   取本品 1.0g,加蒸馏水 20ml 使溶解,加 1mol/L NaOH 溶液 2.5ml 与 0.05% 太坦黄 0.5ml,摇匀;生成的颜色与标准镁溶液 1.0ml 用同一方法制成的对照液比较,不得更深。

五、注 意 事 项

正确使用钠式比色管,注意平行条件,用水稀释至刻度后再摇匀。

六、报 告 格 式

1. 实验目的。
2. 实验原理。
3. 列表说明实验内容、原理、解释现象、列出杂质限量检查结果。

(王 岩)

实验十三 硫酸铜的制备及结晶水含量的测定

一、实验目的

1. 训练无机物制备中的蒸发、结晶、过滤、干燥等基本操作。
2. 测定硫酸铜晶体中结晶水的含量。

二、实验原理

用 H_2SO_4 与 CuO 反应可以制取硫酸铜晶体：

$$CuO + H_2SO_4 \rightleftharpoons CuSO_4 + H_2O$$

由于 $CuSO_4$ 的溶解度随温度的改变有较大的变化,所以当浓缩、冷却溶液时,就可以得到硫酸铜晶体。

所得硫酸铜含有结晶水,加热可使其脱水而变成白色的无水硫酸铜。根据加热前后的质量变化,可求得硫酸铜晶体中结晶水的含量。

三、实验用品

(1) 仪器:量筒(10ml)、蒸发皿、表面皿、玻璃棒、漏斗、烧杯、石棉网、铁架台、瓷坩埚、坩埚钳、台秤、扭力天平、干燥器、酒精灯、滤纸。

(2) 试剂:3mol/L H_2SO_4、CuO(固)。

四、实验内容

(一) 制备硫酸铜晶体

用量筒量取 10ml 3mol/L H_2SO_4 溶液,倒进洁净的蒸发皿里,放在石棉网上用小火加热,一边搅拌,一边用药匙慢慢地撒入 CuO 粉末,一直到 CuO 不能再反应为止。如出现结晶,可随时加入少量蒸馏水。反应完全后,溶液呈蓝色。

趁热过滤 $CuSO_4$ 溶液,再用少量蒸馏水冲洗蒸发皿,将洗涤液过滤,并收集滤液。将滤液转入洗净的蒸发皿中,放在石棉网上加热,用玻璃棒不断搅动,至液面出现结晶膜时停止加热。待冷却后,析出硫酸铜晶体。

用药匙把晶体取出放在表面皿上,用滤纸吸干晶体表面的水分后在台秤上称量,记录数据并计算产率。

(二) 硫酸铜结晶水含量的测定

先在台秤上粗称干燥洁净的瓷坩埚的质量,再在扭力天平上精确称量(读至小数点后3位)。然后向坩埚中加约2g自制晾干的硫酸铜晶体(在台秤上粗称后再在扭力天平上精确称量),记录数据。多余的硫酸铜晶体统一回收。

把盛有硫酸铜晶体的瓷坩埚放在石棉网上,用酒精灯慢慢小心加热(防止晶体溅出!),直到硫酸铜晶体的蓝色完全变白,且不逸出水蒸气为止。然后把瓷坩埚放到干燥器中冷却。

待瓷坩埚在干燥器里冷却至室温,取出迅速在台秤上粗称后再在扭力天平上精确称量记录数据。

把盛有无水硫酸铜的瓷坩埚再加热,放在干燥器里冷却后再称量,记下数据。直至两次称量的差不超过0.01g为止。

(三) 数据处理

瓷坩埚的质量,g	(坩埚+硫酸铜)的质量,g		结晶水		无水硫酸铜		$n_{H_2O} : n_{CuSO_4}$
	加热前	加热后	质量 g	物质的量 (n_{H_2O}) mol	质量 g	物质的量 (n_{CuSO_4}) mol	

例如　1mol 硫酸铜晶体中含 $x$mol 结晶水,则:

$$\frac{W_{CuSO_4}}{M_{CuSO_4}} : \frac{W_{H_2O}}{M_{H_2O}} = n_{CuSO_4} : n_{H_2O} = 1 : x$$

试中 W_{CuSO_4} 和 W_{H_2O} 分别为无水硫酸铜和结晶水的质量(g);M_{CuSO_4} 和 M_{H_2O} 分别为硫酸铜和水的摩尔质量。

五、思　考　题

1. 如何计算硫酸铜晶体的理论产量?
2. CuO 与 H_2SO_4 反应结束后,为什么要趁热过滤?
3. 常压过滤操作中应注意什么?
4. 下列情况对测定硫酸铜结晶水含量的准确性有何影响?

（1）硫酸铜晶体未晾干;

（2）不小心将坩埚中的硫酸铜晶体撒出;

（3）加热脱水后的硫酸铜没有放在干燥器中冷却;

（4）蓝色硫酸铜晶体未全部变成白色,就停止加热,并冷却称量。

六、报 告 格 式

1. 实验目的。

2. 实验原理。

3. 数据记录及结果处理(以表格形式列出)。

（艾尼娃尔）

 实验十四　硫酸亚铁铵的制备

一、实 验 目 的

1. 了解复盐的制备方法。

2. 掌握水浴加热和减压过滤等操作。

3. 了解产品限度分析。

二、实 验 原 理

铁屑与稀硫酸反应,生成硫酸亚铁:

$$Fe + H_2SO_4 = FeSO_4 + H_2$$

硫酸亚铁与等摩尔的硫酸铵在水溶液中相互作用,便生成溶解度较小、浅蓝色的硫酸亚铁铵 $FeSO_4 \cdot (NH_4)_2SO_4 \cdot 6H_2O$。

$$FeSO_4 + (NH_4)_2SO_4 + 6H_2O = FeSO_4 \cdot (NH_4)_2SO_4 \cdot 6H_2O$$

三、实 验 用 品

（1）仪器:台秤、恒温水浴、抽滤水泵、蒸发皿、50ml 锥形瓶、10ml 量筒、比色管。

（2）试剂:铁屑、硫酸铵。

1）酸:3mol/L H_2SO_4 溶液、3mol/L HCl 溶液;

2）盐：0.1mol/L KCNS 溶液、10% Na_2CO_3 溶液。

四、实验内容

（一）制备步骤

1. **铁屑的净化（去油）** 在台秤上称取 2g 铁屑放于锥形瓶中，然后加入用洗涤剂溶液或 10% Na_2CO_3 溶液，在电炉上微热 10 分钟，用倾泻法洗涤，再用蒸馏水把铁屑冲洗干净。

2. **硫酸亚铁的制备** 往盛有铁屑的锥形瓶中加入 15ml 3mol/L H_2SO_4，在水浴上加热，使铁屑与硫酸反应至不再有气泡冒出为止。趁热过滤，用 5ml 热蒸馏水洗涤残渣。滤液转移至蒸发皿中。将锥形瓶中的和滤纸上的未反应铁屑用滤纸吸干后称重。从反应算的铁屑的量求算出生成的硫酸亚铁（$FeSO_4$）的理论产量。

3. **硫酸亚铁铵的制备** 根据以上计算出的 $FeSO_4$ 的理论产量，按照 $FeSO_4$ 比 $(NH_4)_2SO_4$ 为 1：0.75 的质量比，称取固体 $(NH_4)_2SO_4$ 若干克，加到硫酸亚铁溶液中，水浴中蒸发浓缩至表面出现晶膜为止。放置，让其自然冷却后，便得到硫酸亚铁铵晶体。抽滤，将晶体放在表面皿上晾干，称重，计算产率。

（二）产品质量检查

1. **Fe^{3+} 的限度检查** 称取 1g 产品置于 25ml 比色管中，用 15ml 不含氧的蒸馏水使之溶解。加入 2ml 3mol/L HCl 溶液和 1ml KCNS 溶液，继续加不含氧的蒸馏水至刻度。摇匀，所呈现的红色与标准试样比较，检查产品级别。

2. **标准试样的制备** 取含有下列重量的 Fe^{3+} 的溶液 15ml。

Ⅰ级试剂：0.05mg。

Ⅱ级试剂：0.10mg。

Ⅲ级试剂：0.20mg。

然后与产品同样处理（标准试样由教研室提供）。

五、注意事项

1. 由于铁屑含有杂质砷，本实验在合成过程中，有剧毒气体 AsH_3 放出，它能刺激和麻痹神经系统。故实验需在通风厨中进行。

2. 在 $FeSO_4$ 溶液中加入固体 $(NH_4)_2SO_4$ 后，必须充分摇动，至 $(NH_4)_2SO_4$ 完全溶解后，才能进行蒸发浓缩。

3. 加热浓缩时间不宜过长。浓缩到一定体积后，需在室温放置一段时间，以待结晶析出、长大。

六、思 考 题

1. 如何除去废铁表面的油污。

2. 制备硫酸亚铁铵时,怎样鉴别反应已进行完全?

3. $FeSO_4 \cdot 7H_2O$ 溶液在空气中很容易被氧化,在制备硫酸亚铁铵的过程中,怎样防止 Fe^{2+} 氧化成 Fe^{3+}?

4. 怎样计算硫酸亚铁铵的产率? 是根据铁的用量还是硫酸铵的用量?

七、报 告 格 式

1. 实验目的。

2. 实验原理。

3. 实验步骤。

(1) 用流程图表示制备过程。

(2) 计算 $FeSO_4 \cdot 7H_2O$ 及硫酸亚铁铵的理论产率。

(3) 产率 = $\dfrac{实际产量}{理论产量} \times 100\%$。

(4) 纯度检查结果。

(哈及尼沙)

实验十五　配位化合物

一、实 验 目 的

1. 掌握有关配合物的生成和组成。

2. 熟悉配位平衡与沉淀反应、氧化还原反应及溶液酸碱性的关系。

3. 练习离心分离的操作和离心机的使用。

二、实 验 原 理

由中心原子与配体按一定的组成和空间构型以配位键结合所形成的化合物称为配位化合物(简称配合物)。配合物的组成一般可分为内界和外界两个部分,中心原子与配体组成配合物的内界,称为配离子,其余部分组成外界。

大多数的易溶配合物在水溶液中容易解离为配离子和外界离子,而配离子只能部分解离出简单的组成离子。在水溶液中,存在着配位平衡,例如:

$$Cu^{2+} + 4NH_3 \underset{离解}{\overset{配位}{\rightleftharpoons}} Cu(NH_3)_4^{2+}$$

平衡常数 $K_稳$ 可表示为: $K_稳 = \dfrac{[Cu(NH_3)_4^{2+}]}{[Cu^{2+}][NH_3]^4}$

$K_稳$ 的大小表示配离子稳定性的大小。配位平衡与其他化学平衡一样,受外界条件的影响,如加入沉淀剂、氧化剂、还原剂或改变介质的酸度,平衡都将发生移动。

三、实 验 用 品

(1)仪器:试管、离心试管、离心机、滴管、100ml 小烧杯、滤纸、玻璃棒、漏斗。

(2)试剂:(0.1mol/L、2mol/L)HCl 溶液、3mol/L H$_2$SO$_4$ 溶液、2mol/L NaOH 溶液、6mol/L NH$_3$·H$_2$O 溶液、0.1mol/L NaCl 溶液、0.1mol/L Na$_2$S 溶液、0.1mol/L Na$_2$S$_2$O$_3$溶液、0.1mol/L KBr 溶液、0.1mol/L KI 溶液、0.1mol/L NH$_4$F(NaF)溶液、0.1mol/L FeCl$_3$溶液、0.1mol/L CuSO$_4$溶液、0.1mol/L AgNO$_3$溶液、0.1mol/L BaCl$_2$溶液、0.1mol/L Cu(NO$_3$)$_2$ 溶液、0.1mol/L Al(NO$_3$)$_3$ 溶液、CuSO$_4$·H$_2$O(固)、0.1mol/L HCl 溶液、0.1mol/L Na$_2$CO$_3$ 溶液、0.1mol/L CaCl$_2$溶液、0.1mol/L EDTA 二钠溶液、酚酞,1mol/L KSCN 溶液、0.5mol/L 枸橼酸钠溶液、0.1mol/L CoCl$_2$溶液、丙酮、CCl$_4$、浓氨水。

四、实 验 内 容

(一)硫酸四氨合铜的制备与性质

在小烧杯中放入 2.5g CuSO$_4$·5H$_2$O,加入 10ml 水,搅拌至溶解,加入 5ml 浓氨水,混匀,加入 5ml 乙醇,搅拌,放置 2~3 分钟,过滤析出的结晶[Cu(NH$_3$)$_4$SO$_4$·H$_2$O],用少量乙醇洗 1~2 次,记录产品的性质,写出反应方程式。

用制得的产品。做以下性质实验。

1. 取少量产品,溶于几滴水中,观察并记录溶液的颜色,再继续加水,观察溶液颜色的有何变化?

2. 取少量产品,溶于几滴水中,逐滴加入 1mol/L HCl 至过量,观察并记录溶液的颜色的变化,再加过量浓氨水,观察溶液颜色的变化。

根据以上两实验现象,讨论该配合物在溶液中的形成和解离。

3. 取少量产品,溶于几滴水中,分到三个小试管中。

第一支试管加 0.1mol/L Na_2CO_3，观察有无碱式碳酸铜沉淀生成。

第二支试管加 0.1mol/L Na_2S，观察有无 CuS 沉淀生成。

根据这两个实验结果讨论 Cu^{2+} 离子浓度在溶液中的变化。

第三支试管加 0.1mol/L $BaCl_2$，观察有无 $BaSO_4$ 沉淀生成。说明配合对 SO_4^{2-} 离子有无影响。

综合上述实验结果，讨论 Cu^{2+} 和 SO_4^{2-} 在配合物组成中所处地位有何不同。观察上述各步的实验现象并解释，写出反应式。

4. 另取 3 支试管，各加入 5 滴 0.1mol/L $CuSO_4$ 溶液，然后分别加入 2 滴 0.1 mol/L $BaCl_2$、0.1mol/L Na_2CO_3、0.1mol/L Na_2S 溶液。观察现象并解释，写出各步反应式。

(二) 配位平衡与沉淀反应

离心试管中加入 5 滴 0.1mol/L $AgNO_3$ 溶液和 5 滴 0.1mol/L NaCl 溶液，离心后弃去清液，然后加入 6mol/L $NH_3 \cdot H_2O$ 至沉淀刚好溶解为止。

往上述溶液中加 1 滴 0.1mol/L NaCl 溶液，观察是否有白色沉淀生成，再加 1 滴 0.1mol/L KBr 溶液，观察沉淀的颜色。继续加入 0.1mol/L KBr 溶液，至不再产生沉淀为止。离心后弃去清液，在沉淀中加入 0.1mol/L $Na_2S_2O_3$ 溶液直至沉淀刚好溶解为止。

往上述溶液中加入 1 滴 0.1mol/L KBr 溶液，观察有无 AgBr 沉淀生成，再加入 1 滴 0.1mol/L KI 溶液，观察有无 AgI 沉淀生成。

根据以上实验结果，讨论沉淀平衡和配位平衡的关系，并比较 AgCl、AgBr、AgI 的 K_{sp} 的大小及 $[Ag(NH_3)_2]^+$、$[Ag(S_2O_3)_2]^{3-}$ 配离子的稳定性大小，解释实验现象并写出各步反应式。

(三) 配位平衡与氧化还原反应

取 2 支试管各加入 0.5ml 0.1mol/L $FeCl_3$ 溶液，在其中 1 支试管中逐滴加入 0.1mol/L NH_4F 溶液，摇匀至溶液黄色退去，再过量几滴。然后在 2 支试管中分别加入 5 滴 0.1mol/L KI 溶液和 0.5ml CCl_4，振荡，观察 2 支试管中 CCl_4 层的颜色。解释现象，写出反应式。

(四) 配位平衡与介质酸碱性

1. 在试管中加入 5 滴 0.1mol/L $CuSO_4$ 溶液，再逐滴加入 6mol/L $NH_3 \cdot H_2O$ 直到沉淀完全溶解。然后逐滴加入 3mol/L H_2SO_4，观察溶液颜色变化，是否有沉淀生成。继续加入 3mol/L H_2SO_4 至溶液显酸性，观察变化，并解释现象，写出反应式。

2. 成络时 pH 的变化在 2 支试管中分别加入 0.1mol/L $CaCl_2$ 溶液和 0.1mol/L

EDTA 二钠溶液各 2ml,各加 1 滴酚酞指示剂,都用 2mol/L 氨水调到溶液刚刚变红。把两溶液混合,溶液的颜色变化有何变化? 写出反应式,并说明在什么情况下成络时 pH 降低。

3. 溶液对 pH 配合平衡的影响

(1) 枸橼酸对 Fe^{3+} 的配合:(Fe^{3+} 与枸橼酸可生成亮黄至黄绿色配合物) 在试管中加入 1ml 0.1mol/L $FeCl_3$ 溶液,加入 1ml 1mol/L 枸橼酸钠溶液。观察颜色变化。然后将溶液分成二份,分别滴加 1mol/L NaOH 溶液及 1mol/L HCl 溶液使成碱性或酸性,观察颜色有何不同。

(2) $[Fe(SCN)_6]^{3-}$ 的形成:{$[Fe(SCN)_6]^{3-}$ 为血红色} 在试管中加入 3~4 滴 0.1mol/L $FeCl_3$ 溶液,加 1mol/L KSCN 溶液,分成二份,分别滴加 1mol/L NaOH 及 1mol/L HCl,观察颜色的变化并解释,写出反应式。

根据以上现象讨论溶液酸碱性对配合物稳定性的影响。

(五) 配合掩蔽

F^- 对 Fe^{3+} 的掩蔽:在试管中加入数滴 0.1mol/L $FeCl_3$ 溶液,加数滴 1mol/L KSCN 溶液,出现什么颜色? 在其中加入固体氟化钠,摇匀,有何现象? 写出反应方程式并解释实验现象。

在另一试管中,加入数滴 0.5mol/L $CoCl_2$ 溶液,加入数滴 KSCN 溶液,再加入等体积的丙酮。出现 $[Co(SCN)_4]^{2-}$ 的蓝色。可用以检定 Co^{2+},加入 NaF,蓝色褪不褪? 写出反应方程式并解释实验现象。

五、注 意 事 项

1. KSCN 为剧毒药品,使用时需加小心。

2. 制备 $[Cu(NH_3)_4]SO_4$ 时首先要将 $CuSO_4$ 固体全部溶解后才能加氨水、而且必须加浓氨水。

六、思 考 题

1. 配离子是怎样形成的? 它与简单离子有什么区别? 如何用实验证明?

2. 哪些因素影响配位平衡? 举例说明?

3. $[Cu(NH_3)_4]SO_4$ 溶液中分别加入下列物质:①盐酸,②氨水,③Na_2S 溶液。对下列平衡:$[Cu(NH_3)_4]^{2+} \rightleftharpoons Cu^{2+} + 4NH_3$ 有何影响?

4. 为什么在 $K_4[Fe(CN)_6]$ 溶液中加入饱和 Na_2S 溶液不能产生 FeS 沉淀,而在 $[Cu(NH_3)_4]SO_4$ 溶液中加入饱和 H_2S 溶液却能产生 CuS 沉淀?

5. 在 Fe^{3+} 离子溶液中先加入 NH_4SCN 溶液,再加 EDTA 溶液,会发生什么现象?

七、报 告 格 式

1. 实验目的。
2. 列表说明实验内容、原理、解释现象。

(海力茜·陶尔大洪)

 实验十六　银氨配离子配位数
及稳定常数的测定

一、实 验 目 的

1. 应用配位平衡和沉淀——溶解平衡原理测定银氨配离子 $[Ag(NH_3)_n]^+$ 的配位数并计算稳定常数。
2. 练习作图法处理实验数据。
3. 进一步熟悉滴定操作。

二、实 验 原 理

在 $AgNO_3$ 溶液中,加入过量 $NH_3 \cdot H_2O$,即生成稳定的银氨配离子 $[Ag(NH_3)_n]^+$。再往溶液中加入 KBr 溶液,直到刚刚出现 AgBr 沉淀(混浊)为止。这时混合液中同时存在着以下配位平衡和沉淀–溶解平衡:

$$Ag^+ + nNH_3 \rightleftharpoons [Ag(NH_3)_n]^+ \tag{1}$$

$$K_{稳} = \frac{[Ag(NH_3)_n]^+}{[Ag^+][NH_3]^n}$$

$$AgBr(固) \rightleftharpoons Ag^+ + Br^- \tag{2}$$

$$K_{SP} = [Ag^+][Br^-]$$

(1)×(2)得:

$$AgBr + nNH_3 \rightleftharpoons [Ag(NH_3)_n]^+ + Br^-$$

$$K = \frac{[Ag(NH_3)_n^+][Br^-]}{[NH_3]^n} = K_{SP} \cdot K_{稳}$$

$$[Br^-] = \frac{K \cdot [NH_3]^n}{[Ag(NH_3)_n^+]}$$

式中,$[Br^-]$、$[NH_3]$、$[Ag(NH_3)_n]^+$均为平衡浓度,可以近似地按以下方法计算:设每份混合溶液最初取用的 $AgNO_3$ 溶液的体积为 V_{Ag^+},浓度为(Ag^+),每份加入的过量 $NH_3 \cdot H_2O$ 和 KBr 溶液的体积分别为 V_{NH_3} 和 V_{Br^-},其浓度为 (NH_3) 和 (Br^-),混合溶液总体积为 $V_总$,则混合并达到平衡时 V_{NH_3}

$$[Br^-] = (Br^-) \times \frac{V_{Br^-}}{V_总}$$

$$[Ag(NH_3)_n]^+ = (Ag^+) \times \frac{V_{Ag^+}}{V_总}$$

$$[NH_3] = (NH_3) \times \frac{V_{NH_3}}{V_总}$$

得:$V_{Br^-} = V_{NH_3}^n \cdot K \cdot \left[\frac{(NH_3)}{V_总}\right]^n / \frac{(Br^-)}{V_总} \cdot \frac{(Ag^+) \cdot V_{Ag^+}}{V_总}$

由于上式等号右边除 $V_{NH_3}^n$ 外,其他在本实验中均为已知数,故上式可写为

$$V_{Br^-} = V_{NH_3}^n \cdot K'$$

两边取对数,得直线方程

$$\lg V_{Br^-} = n\lg V_{NH_3} + \lg K'$$

以 $\lg V_{Br^-}$ 为纵坐标,$\lg V_{NH_3}$ 为横坐标作图,所得直线的斜率 n(取最接近的整数)即为 $[Ag(NH_3)_n]^+$ 配位数。截距为 $\lg K'$,由截距可求得 K,再由 K 和 AgBr 的 K_{sp} 可计算 $[Ag(NH_3)_n]^+$ 的 $K_稳$。

三、实 验 用 品

(1)仪器:移液管(10ml)、酸式滴定管、锥形瓶、量筒(20ml、50ml)。

(2)试剂:2mol/L $NH_3 \cdot H_2O$ 溶液、0.0100mol/L $AgNO_3$溶液、0.0100mol/L KBr 溶液。

四、实 验 内 容

1. 用移液管准确量取 0.010mol/L $AgNO_3$溶液 10.00ml,注入洗净的锥形瓶中,再分别用 2 个量筒注入蒸馏水 20ml 和 2mol/L $NH_3 \cdot H_2O$ 溶液 20ml,混合均匀。然后在不断振荡下,从酸式滴定管中逐滴加入 0.0100mol/L KBr 溶液,直到刚产生的 AgBr 沉淀(混浊)不再消失为止。记下加入的 KBr 溶液的体积 V_{Br^-},并计算出溶液的总体积 $V_总$。

2. 用同样方法按下表的用量进行 5 次实验,结果列下表。

编号	$V_{Ag^+,ml}$	$V_{NH_3,ml}$	$V_{H_2O,ml}$	$V_{Br^-,ml}$	$V_{总,ml}$	lgV_{NH_3}	lgV_{Br^-}
1	10.00	20	20				
2	10.00	18	22				
3	10.00	15	25				
4	10.00	13	27				
5	10.00	10	30				
6	10.00	8	32				

以 lgV_{Br^-} 为纵坐标,lgV_{NH_3} 为横坐标作图,求出直线的斜率 n(取最接近的整数)即为 $[Ag(NH_3)_n]^+$ 配位数 n。截距为 lgK',由截距可求算出 K',进而求出 $K_稳$。

五、注 意 事 项

1. 配制每一份混合溶液时,最后加氨水(防止氨挥发)。

2. 反应一定要达到平衡(振摇后沉淀不消息)后观察终点,且每次浑浊度要一致。

六、思 考 题

1. 测定银氨配离子的配位数和稳定常数的理论依据是什么? 如何利用作图法处理实验数据?

2. 在计算平衡浓度 $[Br^-]$、$[Ag(NH_3)_n]^+$ 和 $[NH_3]$ 时,为什么可以忽略以下情况:

(1) 生成 AgBr 沉淀时消耗掉的 Br^- 和 Ag^+。

(2) 配离子 $[Ag(NH_3)_n]^+$ 解离出的 Ag^+。

(3) 生成配离子 $[Ag(NH_3)_n]^+$ 时消耗掉的 NH_3。

3. 在滴定时,以产生 AgBr 混浊不再消失为其终点,怎样避免 KBr 过量? 若已发现 KBr 少量过量,能否在此实验基础上设法补救?

七、报 告 格 式

1. 实验目的。

2. 实验原理。

3. 实验内容。

（1）记录(参看讲义表格形式)。

（2）结果处理(参看讲义上的要求)。

（3）讨论(分析误差原因)。

（孙　莲）

 实验十七　设计实验一

1. 学生自己设计实验,制备并溶解下列难溶物。

$CaCO_3$、Ag_2S、$AgBr$、HgS、$Mg(OH)_2$(用两种方法溶解)、$Zn(OH)_2$(用三种方法溶解)。

2. 利用沉淀生成、转化、溶解的规律,用给出的下列试液设计实验,排出有关物质对 $Ag(I)$ 束缚力大小的次序。

$AgNO_3$、$NaCl$、$NH_3 \cdot H_2O$、KBr、$Na_2S_2O_3$、KI

3. 设计一组实验,实现下列物质之间的转变。

$Zn \rightarrow ZnSO_4 \rightarrow ZnS \downarrow \rightarrow ZnCl_2 \rightarrow Zn(OH)_2 \rightarrow [Zn(OH)_4]^{2-}$

4. 选择氧化剂　在含有 $NaCl$、$NaBr$、NaI 的混合溶液中,要使 I^- 氧化为 I_2,又不使 Br^-、Cl^- 氧化,在常用的氧化剂 $Fe_2(SO_4)_3$ 和 $KMnO_4$ 中,选择哪一种能符合要求?

5. 领取 Ag^+、Cu^{2+}、Al^{3+} 离子混合溶液 1 份,根据提供的试剂,设计方案进行分离。

6. 设计 2 组实验,实现下列变化。

（1）改变介质条件,提高氧化剂的氧化能力。

（2）改变介质的酸碱条件,提高还原态物质的还原能力。

（海力茜·陶尔大洪）

 实验十八　设计实验二

一、实验目的

1. 了解碱熔法分解矿石以及制备高锰酸钾的原理和方法。

2. 掌握浸取、减压过滤、蒸发结晶、重结晶等基本操作。

3. 学习气体钢瓶的使用操作或启普发生器的使用操作。

二、实 验 原 理

高锰酸钾的制备方法有多种,方法之一是以软锰矿(主要成分为 MnO_2)为原料制备高锰酸钾。制备过程一般分为两步,首先氧化制备锰酸钾,然后再将锰酸钾转化为高锰酸钾,根据 Mn 的电势图可知:

$$E_A^\theta/V \quad MnO_4^- \underline{\quad 0.558 \quad} MnO_4^{2-} \underline{\quad 2.240 \quad} MnO_2$$
$$E_B^\theta/V \quad MnO_4^- \underline{\quad 0.558 \quad} MnO_4^{2-} \underline{\quad 0.600 \quad} MnO_2$$

MnO_4^{2-} 不稳定,在酸性介质中极易发生歧化反应,而在碱性介质歧化反应趋势小,并且反应速度也慢,所以只适宜存在于碱性介质之中;因此将矿石转化为锰酸盐首选碱熔的方法。即将软锰矿在较强氧化剂氯酸钾存在下与碱共熔,先氧化为锰酸钾:

$$MnO_2 + KClO_3 + 6KOH \xrightarrow{熔融} 3K_2MnO_4 + KCl + 3H_2O$$

然后再将锰酸钾转化为高锰酸钾,一般可利用歧化反应或氧化的方法。如利用歧化反应,可加酸或通 CO_2 气体,使反应顺利进行,如 CO_2 法:

$$3MnO_4^{2-} + 2CO_2 \longrightarrow 2MnO_4^- + MnO_2 + 2CO_3^{2-}$$

反应后,过滤除去 MnO_2,再蒸发浓缩即可析出高锰酸钾的晶体。此方法操作简便,基本无污染,但锰酸钾的转化率仅为 2/3,其余 1/3 则转变为 MnO_2。

通过重结晶可获得精制的高锰酸钾(溶解度为:60℃ 22.1g/100g 水;20℃ 6.34g/100g 水;0℃ 2.83g/100g 水)。

三、实 验 要 求

1. 用上述方法设计高锰酸钾的制备方法。明确所用仪器,并用流程图表示制备过程。

2. 方案经教师修改后,完成制备实验,并将产品重结晶。

3. 计算产率。

4. 完成实验报告(实验原理、实验过程、结果与讨论)。

(姚　军)

实验十九 卤 素

一、实 验 目 的

1. 验证卤素、卤化氢和卤素的含氧酸及其盐的物理性质和化学性质。
2. 掌握实验室中制备卤素的一般原理和方法。
3. 掌握卤素离子的一般鉴别方法。

二、实 验 原 理

氯、溴、碘是周期系第Ⅶ主族元素。它们的原子最外电子层上有 7 个电子,容易得到一个电子生成卤化物,因此卤素都是很活泼的非金属,其氧化数通常是−1。卤素还能生成含氧酸,在其含氧酸中氧化数表现为+1、+3、+5、+7。

氯、溴、碘都可以用氧化剂从其卤化物中制取。

卤素都是氧化剂,它们的离子都是还原剂。作为氧化剂的卤素分子的化学活泼性按下列顺序变化:

$$F_2 > Cl_2 > Br_2 > I_2$$

而作为还原剂的卤素阴离子的化学活泼性则按相反的顺序变化:

$$I^- > Br^- > Cl^- > F^-$$

卤素分子都是非极性分子,故易溶于非极性溶剂(有机溶剂)中。碘还易溶于碘化钾溶液中,生成 KI_3。

卤化银不溶于水和稀硝酸,而 CO_3^{2-}、PO_4^{3-}、CrO_4^{2-} 等阴离子形成的银盐溶于硝酸,所以可在硝酸溶液中是卤素阴离子形成卤化银沉淀以防止其他阴离子的干扰。

卤化银在氨水中溶解度不同,可以控制氨的浓度来分离混合的卤离子。实验中,常用 $(NH_4)_2CO_3$,使 AgCl 沉淀溶解,与 $AgBr$、AgI 分离。反应式如下:

$$(NH_4)_2CO_3 + H_2O \longrightarrow NH_4HCO_3 + NH_3 \cdot H_2O$$

$$AgCl + 2NH_3 \cdot H_2O \longrightarrow [Ag(NH_3)_2]^+ + Cl^- + 2H_2O$$

卤素的含氧酸根都具有氧化性,次氯酸的氧化能力是氯的含氧酸中最强的,因此它具有漂白、杀菌的作用,它的盐如次氯酸钠常用作为漂白剂与消毒剂。

三、实 验 用 品

（1）仪器：离心管、离心机。

（2）药品：I_2、红磷、锌粉、KCl、KBr、KI、MnO_2、$KClO_3$

1）酸：H_2SO_4 溶液 3mol/L、H_2SO_4 溶液 18mol/L、HCl 溶液 12mol/L、HNO_3 溶液 6mol/L。

2）盐：KBr 溶液 0.1mol/L、KCl 溶液 0.1mol/L、H_2SO_4 溶液 0.1mol/L、KI 溶液 0.1mol/L、$AgNO_3$ 溶液 0.1mol/L、NaClO 溶液、I_2 溶液、氯仿。

（3）试纸：蓝色石蕊试纸、Pb（Ac）$_2$ 试纸、滤纸片、KI 淀粉试纸。

四、实 验 内 容

1. 碘与金属、非金属的反应

（1）碘溶液与锌粉的作用：将一小匙锌粉加入盛有 1ml 碘溶液的试管中，不断振荡（另取一支试管加 1ml 碘溶液作对照）。观察反应过程中碘溶液的颜色变化（如现象不明显可微热），写出反应式，并加以解释。

（2）碘和红磷的作用：取少许碘和红磷于试管中混合，滴入 1~2 滴水（如果红磷潮湿就可不加水），在水浴中加热片刻后反应猛烈发生，用湿润的蓝色石蕊试纸在管口试验 HI 的生成，记录观察到的现象，并写出反应式（先写生成 PI_3 的反应式、再写 PI_3 的水解反应式）。

2. 氯、溴、碘氧化性的比较

（1）氯与碘氧化性的比较：在试管中加 1 滴 0.1mol/L KI 溶液，加蒸馏水稀释至 1ml，逐滴加入氯水，观察溶液颜色的变化，再加 1ml 氯仿、振摇、观察氯仿层的颜色。然后再向此溶液中加入过量的氯水（或通氯气）至氯仿层的颜色消失为止。解释现象并写出反应式。

（2）溴和碘氧化性的比较：在盛有约 1 ml 0.1mol/L KI 溶液的试管中，加数滴溴水，再加入数滴淀粉溶液，记录观察到的现象并写出反应式。

（3）氯与溴氧化性的比较向盛有约 1ml 0.1mol/L KBr 溶液的试管中加入数滴氯水，观察溶液颜色的变化，再加 1ml 氯仿振摇，观察氯仿层的颜色，解释现象并写出反应式。

综合以上实验结果列出 Cl_2，Br_2，I_2 氧化性大小的递变顺序，并用标准电极电位来说。

3. 卤素的制备　取 3 支干试管分别加入少许 KCl、KBr、KI 晶体，向各试管中加入 2 ml 3mol/L H_2SO_4 再各加入少量 MnO_2，用碘化钾淀粉试纸在装有 KCl 的试管口检查证明放出的气体是 Cl_2,在其余两个试管中分别加入 1ml 氯仿,观察氯仿层中的颜色,写出有关反应式。

4. 比较卤化氢的还原性

(1) 在一支干燥试管中加入几小粒 KCl 晶体,加 2~3 滴浓 H_2SO_4,观察试管中的变化,并用蓝色石蕊纸在试管口检查证明所逸出的气体是 HCl 。

(2) 在一支干燥试管中加入几小粒 KBr 晶体,加 2~3 滴浓 H_2SO_4,观察试管中的变化,并用沾有 I_2 试液的试纸在试管口检查,证明所逸出的气体是 SO_2。

(3) 在一支干燥试管中加入几小粒 KI 晶体,加 2~3 滴浓 H_2SO_4,观察试管中的变化,并用醋酸铅试纸在试管口检查证明所逸出的气体是 H_2S 。

综合比较三支试管的反应产物,列出 Cl^-、Br^-、I^- 还原性的强弱递变顺序,写出有关反应式,并用标准电极电势解释实验结果。

5. 次氯酸盐和氯酸盐的氧化性

(1) 在试管中加 0.1mol/L KI 溶液 1ml 和氯仿 1ml,再加 1~2 滴次氯酸钠溶液,振摇,观察氯仿层的颜色,再逐滴加入过量的次氯酸钠,不断振摇直至氯仿层颜色消失,记录现象,写出有关反应式。

(2) 在试管中加入少量 $KClO_3$ 晶体,用 1~2ml 水溶解后,加入 10 滴 0.1mol/L KI 溶液,把得到的溶液分成两份,一份用 1mol/L H_2SO_4 酸化,一份留作对照。稍等片刻,观察有何变化。试比较氯酸盐在中性和酸性溶液的氧化性。

6. Cl^-、Br^-、I^- 混合溶液的分离和检出

(1) AgX 沉淀的生成:于离心管中加入 3 滴 0.1mol/L NaCl 溶液, 0.1mol/L KBr 溶液和 0.1mol/L KI 溶液,混合后,加 2 滴 6mol/L HNO_3 酸化,再滴加 0.1mol/L $AgNO_3$ 溶液至沉淀完全,离心沉淀,弃去溶液,沉淀用蒸馏水洗涤 2 次,每次用水 4~5 滴,搅拌后离心沉淀,弃去洗液(用毛细吸管吸取)得卤化银沉淀。

(2) AgCl 的溶解及 Cl^- 的检出:往上面所得卤化银沉淀上加 2ml 12% $(NH_4)_2CO_3$ 溶液充分搅拌后,离心,将清液($Ag(NH_3)_2)Cl$ 移于试管中,用 6mol/L HNO_3酸化,如有白色 AgCl 沉淀生成,表示有 Cl^- 存在,将沉淀用作 Br^-、I^- 的检定。

(3) Br^- 和 I^- 的检出:在(2)中所得的沉淀中加 5 滴水和少量锌粉,充分搅拌,待卤化银被还原完全后(沉淀全变黑色),离心沉降,吸取清液于另一支离心管(或小试管)中,加 10 滴氯仿再滴加氯水,每加 1 滴均要充分摇动试管,并观察氯仿层颜色变化,如氯仿层显紫红色则表示有 I^- 存在(生成 I_2)。继续加入氯水至红紫色褪去(被氧化成无色 $NaIO_3$),而氯仿层呈橙色或金黄色,表示有 Br^- 存在。

有关反应式:

$$2AgBr + Zn = Zn^{2+} + 2Br^- + 2Ag\downarrow$$

$$2AgI + Zn = Zn^{2+} + 2I^- + 2Ag\downarrow$$

$$2I^- + Cl_2 = I_2 + 2Cl^-$$

$$I_2 + 5CI_2 + 6H_2O = 2HIO_3 + 10HCl$$
$$2Br^- + CI_2 = Br_2 + 2CI^-$$

五、注 意 事 项

1. 卤素单质具有一定的毒性,在使用时注意安全。
2. KI 溶液在空气中放置时间过久易被氧化,因此需现制现配。

六、思 考 题

1. 为什么卤素在化合物中的氧化数常是单数?
2. 从电极电势说明为什么作为氧化剂的活泼性 $F_2 > CI_2 > Br_2 > I_2$,而作为还原剂的活泼性 $F^- < CI^- < Br^- < I^-$?
3. 在实验室中制备少量 CI_2 可利用什么反应?
4. 卤素单质有哪些主要化学性质?
5. 如何证明次氯酸盐的氧化性?
6. 水溶液中,氯酸盐的氧化性与介质有何关系?
7. 如何分离和检出 CI^-、Br^-、I^-?

实验二十 氧、硫

一、实 验 目 的

1. 掌握过氧化氢的化学性质。
2. 掌握硫化氢、硫代酸盐的还原性,二氧化硫的氧化还原性。
3. 掌握硫的含氧酸极其盐的氧化还原性。
4. 实验并了解重金属硫化物的难溶性。

二、实 验 原 理

1. 氧、硫是周期系第Ⅵ主族元素,氧是人类生存必须的气体。氢和氧的化合物,除了水以外,还有 H_2O_2。过氧化氢是强氧化剂,但和更强的氧化剂作用时,它又是还原剂。
2. H_2S 是有毒气体,能溶于水,其水溶液呈弱酸性。在 H_2S 中,S 的氧化数是 -2,H_2S 是强还原剂。S^{2-} 可与多种金属生成不同颜色的金属硫化物沉淀,例如 ZnS

（白色）、CuS（棕黑色）、HgS（黑色）、CdS（黄色）。

3. SO_2 和 H_2SO_4 是还原剂,但与强还原剂作用时,又表现为氧化剂。

4. $Na_2S_2O_3$ 是一个还原剂,I_2 可以将它氧化成 $Na_2S_4O_6$。$Na_2S_2O_3$ 在酸性溶液中不稳定,会分解成 S 和 SO_2。

$$Na_2S_2O_3 + 2HCl =\!=\!= 2\ NaCl + 2SO_2 + S\downarrow + H_2O$$

$S_2O_3^{2-}$ 与 Ag^+ 的反应是它的特征反应。可用来鉴定 $S_2O_3^{2-}$ 离子。

$$S_2O_3^{2-} + 2Ag^+ \longrightarrow Ag_2S_2O_3$$
$$Ag_2S_2O_3 + H_2O \longrightarrow Ag_2S\downarrow + H_2SO_4$$

5. 浓 H_2SO_4 是一个强氧化剂,在加热时,它能氧化许多金属,而本身则随条件不同而被还原成 SO_2、S 或 H_2S。

H_2SO_4 的还原产物可按如下判断:如溶液呈白色浑浊,表示析出 S;如产生具有还原性的刺激性气体,则为 SO_2;如产生还原性或使 $Pb(Ac)_2$ 试纸变黑的,具有臭鸡蛋气味的气体则为 H_2S。

三、实 验 药 品

H_2S 溶液（饱和）、H_2SO_4 溶液（1mol/L、浓）、HCl 溶液（1mol/L、6mol/L 浓）、$K_2S_2O_8$、0.1mol/L $MnSO_4$ 溶液、0.1mol/L $Pb(NO_3)_2$ 溶液、HNO_3 溶液（6mol/L、浓）、NaOH 溶液（2mol/L、质量分数为 40%）、2mol/L $NH_3·H_2O$ 溶液、0.1mol/L $KMnO_4$ 溶液、0.1ml/L、$K_2Cr_2O_7$ 溶液、H_2O_2［体积分数分别为 3%、30%］、0.1mol/L KI 溶液、$NaHSO_{3(s)}$、0.1mol/L $AgNO_3$ 溶液、0.1mol/L $FeSO_4$ 溶液、$CuSO_4$ 溶液（s, 0.1mol/L）、0.1mol/L $Hg(NO_3)_2$ 溶液、0.1mol/L $BaCl_2$ 溶液、0.1mol/L $Na_2S_2O_3$ 溶液、0.1mol/L Na_2SO_3 溶液、0.1mol/L Na_2SO_4 溶液、0.1mol/L Na_2S 溶液、$Na_2O_{2(s)}$、pH 试纸、碘水、氯水、品红溶液、乙醇、铁粉、淀粉指示剂、$pb(Ac)_2$ 试纸、乙醚、$Cu_{(s)}$、蔗糖$_{(s)}$。

四、实 验 内 容

1. 过氧化氢的制备和性质

（1）过氧化氢的制备:取少量 $Na_2O_{2(s)}$ 于试管中,加入少量蒸馏水溶解后放入冰水中冷却,并加以搅拌,检验溶液的酸碱性。再向试管中滴加用冰水冷却过的 1mol/L 的 H_2SO_4,至溶液呈酸性为止（目的是什么?）。写出化学反应式。

（2）过氧化氢的鉴定:取以上制得的 H_2O_2 溶液,加入约 0.5ml 乙醚,并加入少量 1mol/L 的 H_2SO_4,酸化,再加入 2~3 滴 0.1mol/L 的 $K_2Cr_2O_7$ 溶液,振动试管,观察水层和乙醚层颜色的变化,写出化学反应式。

（3）过氧化氢的性质

1）酸性:在一试管中加入少量质量分数为 40% 的 NaOH 溶液,滴加约 1ml 体积分数为30%的H_2O_2,1ml乙醇,振动试管,观察现象,写出化学反应式。

2)氧化性:取少量体积分数为3%的H_2O_2溶液,以1mol/L的H_2SO_4酸化,滴加0.1mol/L的KI溶液,观察现象,写出化学反应式。

在少量0.1mol/L的$PbNO_3$溶液中滴加饱和H_2S水溶液,离心分离后弃去清液,往沉淀上逐滴滴加体积分数为3%的H_2O_2溶液,并用玻璃棒搅拌溶液,观察现象,写出化学反应式。

3)还原性:取少量体积分数为3%的H_2O_2溶液,以1mol/L的H_2SO_4酸化,滴加数滴0.1mol/L的$KMnO_4$溶液,观察现象,写出化学反应式。

在少量0.1mol/L的$AgNO_3$溶液中滴加2mol/L的NaOH溶液至棕色沉淀生成,再滴加少量体积分数为3%的H_2O_2溶液,观察现象。另取0.1mol/L的$AgNO_3$溶液,滴加2mol/L的NaOH溶液至生成棕色沉淀,再加入少量体积分数为3%的H_2O_2溶液,现象有何不同?试解释之,并写出化学反应式。

4)介质酸碱性对H_2O_2性质的影响:在体积分数为3%的H_2O_2溶液中加入2mol/L的NaOH溶液数滴,再加入0.1mol/L的$MnSO_4$溶液数滴,观察现象,写出化学反应式。溶液静止后倾去清液,往沉淀中加入少量1mol/L的H_2SO_4溶液后,滴加体积分数为3%的H_2O_2溶液,现象又有何不同?写出化学反应式并予以解释。

5)过氧化氢的分解:加热约2ml体积分数为3%的H_2O_2溶液,有什么现象发生?写出化学反应式。

在少量体积分数为3%的H_2O_2溶液中加入少量铁粉,观察现象,写出化学反应式。

通过以上实验,简单总结H_2O_2的化学性质及实验室保存方法。

2. 硫化氢的生成和性质

(1)硫化氢的制备:取2支试管均加入0.1mol/L的Na_2S水溶液,再加入2mol/L的H_2SO_4溶液数滴,在一支试管内壁贴一湿润的pH试纸,另一试管内壁贴一湿润的醋酸铅试纸,观察pH试纸和醋酸铅试纸颜色的变化,并判断所产生气体产物的酸碱性。

(2)硫化氢水溶液的酸碱性:用pH试纸检验饱和硫化氢水溶液的酸碱性,写出其电离方程式。

(3)硫化氢的还原性:向2支试管中分别加入0.1mol/L的$KMnO_4$溶液和0.1mol/L的$K_2Cr_2O_7$溶液,用稀H_2SO_4酸化,分别滴加硫化氢水,观察溶液颜色变化及白色硫沉淀的析出,写出化学反应式。

3. 难溶硫化物的生成与溶解　向4支离心试管中分别加入0.1mol/L的$FeSO_4$溶液,0.1mol/L的$PbNO_3$溶液;0.1mol/L的$CuSO_4$溶液,0.1mol/L的$Hg(NO_3)_2$溶液,再分别加入饱和H_2S水溶液,观察产生沉淀的颜色,写出化学反应式。分别将沉淀离心分离,弃去清液,进行如下操作。

往 FeS 沉淀中加入 1mol/L 的 HCl,沉淀是否溶解？再加入 2mol/L $NH_3 \cdot H_2O$ 以中和 HCl,观察 FeS 沉淀能否重新生成？写出化学反应式。

往 PbS 沉淀中加入 1mol/L 的 HCl,沉淀是否溶解？如不溶解离心分离,弃去清液,再往沉淀中加入 6mol/L 的 HCl,再观察沉淀是否溶解？写出化学反应式。

往 CuS 沉淀中加入 6mol/L 的 HCl,沉淀是否溶解？如不溶解离心分离,弃去清液,再往沉淀中加入 6mol/L 的 HNO_3,并在水浴中加热,再观察沉淀是否溶解？写出化学反应式。

用蒸馏水把 HgS 沉淀洗净,离心分离,弃去清液,加入 0.5ml 浓 HNO_3,沉淀是否溶解？如不溶解,再加入 3 倍于浓 HNO_3 体积的浓 HCl,搅拌,观察有何变化？写出化学反应式。

4. 二氧化硫的制备和性质　取一带支管的试管,加入 2g $NaHSO_3$ 固体,再注入约 4ml 的浓硫酸,用一塞子塞住试管口。检验支管口生成气体的酸碱性。然后再把气体分别导入盛有 0.5ml 饱和 H_2S 水溶液、5 滴 0.1mol/L $KMnO_4$ 水溶液和 0.5ml 1mol/L 的 H_2SO_4 的混合溶液、1ml,品红溶液的试管中。观察现象,写出反应方程式。

5. 硫的含氧酸及其盐

(1) 亚硫酸及其盐的性质:在 1mol/L 的 Na_2SO_3 溶液中,加入 2mol/L 的 H_2SO_4 使溶液呈酸性,观察现象。分别将湿润的 pH 试纸和品红试纸放入试管内,观察现象。然后在溶液中滴加数滴 0.1mol/L 的 $KMnO_4$ 水溶液,观察现象。

(2) 硫酸的性质:在一试管中加入 5ml 浓硫酸,然后加入少量 $CuSO_4 \cdot 5H_2O$ 晶体,放置几分钟后观察现象,并解释之。

取 2 支试管,分别加入 1mol/L 的 H_2SO_4 溶液和 2ml 浓硫酸,然后分别投入一小块铜片,观察现象,并比较两反应有何不同？加热后现象如何？

在一试管中加入少许蔗糖,滴加浓硫酸,观察现象。

(3) 硫代硫酸钠的性质:向盛有 0.5ml 0.1mol/L $Na_2S_2O_3$ 溶液的试管中滴加碘水,观察现象,写出反应方程式。

向盛有 0.5ml 0.1mol/L $Na_2S_2O_3$ 溶液的试管中滴加氯水,设法检验反应中生成的 SO_4^{2-}。写出反应方程式。

向盛有 0.5ml 0.1mol/L $Na_2S_2O_3$ 溶液中滴加 1mol/L 的 HCl 溶液,微热,观察现象,写出反应方程式。

在一试管中加入 5 滴 0.1mol/L 的 $AgNO_3$ 溶液,逐滴加入 $Na_2S_2O_3$ 溶液至过量,观察现象,写出反应方程式。

五、注　意　事　项

1. H_2S 及 SO_3 是有毒气体,制备和使用 H_2S 及 SO_3 气体时,要在通风橱中进行。

2. 浓硫酸具有很强的腐蚀性,使用时应特别小心。

六、思 考 题

1. 在水溶液中,$Na_2S_2O_3$ 和 $AgNO_3$ 反应为什么有时生成 Ag_2S 沉淀,有时却生成 $[Ag(S_2O_3)_2]^{3-}$ 配离子?

2. 长期放置 H_2S,Na_2SO_3 和 Na_2S 溶液会产生什么变化?

3. 用一简便的方法区分固体 Na_2S,Na_2SO_3,Na_2SO_4,$Na_2S_2O_3$,$K_2S_2O_8$。

4. 在实验室如何制备 H_2O_2 和 $Na_2O_2 \cdot 8H_2O$? 反应条件如何?

5. 为什么 H_2O_2 既可作氧化剂又可作还原剂? 什么条件下 H_2O_2 可将 Mn^{2+} 氧化为 MnO_2? 在什么条件下 MnO_2 又能将 H_2O_2 氧化而产生 O_2?

6. 在有硫化氢产生的实验步骤操作中,应注意哪些安全措施?

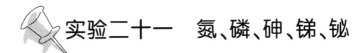

实验二十一　氮、磷、砷、锑、铋

一、目 的 要 求

1. 掌握氮、磷、砷、锑、铋重要化合物的性质。

2. 学会砷的鉴别方法。

二、实 验 原 理

1. 氮族元素为周期系第 V 主族元素,它们原子的最外层上有 5 个电子,所以它们的氧化数最高为+5,最低为−3 价。

2. 氨的水溶液呈弱碱性,铵盐加热时易分解。

3. 亚硝酸可用酸分解亚硝酸盐而得到,但不稳定,易分解成 NO 和 NO_2。HNO_2 具有氧化性,但遇强氧化剂时可呈还原性。

4. 硝酸是强酸,亦是强氧化剂,它与非金属作用时,常被还原为 NO_2 或 NO,与金属作用时被还原的产物决定于硝酸的浓度和金属的活泼性。

5. 磷酸是三元酸,故可形成酸式盐和正盐,磷酸的钙盐在水中的溶解度是不同的。$Ca_3(PO_4)_2$ 和 $CaHPO_4$ 难溶于水,而 $Ca(H_2PO_4)_2$ 则易溶于水。

6. 族元素从 N 到 Bi 由于离子半径渐增,其氧化物的酸性渐减,碱性渐增,故 N_2O_3、P_2O_3 为酸性氧化物,AsO_3、Sb_2O_3 为两性氧化物,Bi_2O_3 为碱性氧化物。

从 As 到 Bi 三价化合物的还原性逐渐减弱。

从 As 到 Bi 五价化合物的氧化性逐渐增强。

7. 砷的鉴定主要利用 AsO_3^{3-} 或 AsO_4^{3-} 还原为 AsH_3，然后利用 AsH_3 的还原性还原 Ag^+ 离子为 Ag。

反应式为：

$$AsO_3^{3-} + 9H^+ + 3Zn = AsH_3\uparrow + 3Zn^{2+} + 3H_2O$$

$$AsO_4^{3-} + 11H^+ + 4Zn = AsH_3\uparrow + 4Zn^{2+} + 4H_2O$$

$$6AgNO_3 + AsH_3 = Ag_3As\cdot 3AgNO_3\downarrow（黑色）+ 3HNO_3$$

$$6Ag^+ + AsH_3 + 3H_2O = 6Ag\downarrow（黑）+ H_3AsO_3 + 6H^+$$

试样中有硫化物存在时，遇酸发生 H_2S 能使 $AgNO_3$ 变为黑色的 Ag_2S。为了消除 H_2S 的干扰，需用 $Pb(Ac)_2$ 棉花吸收 H_2S。

试样中若有锑化物存在，亦可产生 SbH_3，同样使 $AgNO_3$ 变黑，故有干扰，此时可设法在碱性溶液中进行反应；锑化物则不会产生 SbH_3（用碱式还原法没有 H_2S、SbH_3 的干扰，但 AsO_4^{3-} 必须先还原成 AsO_3^{3-} 形式）。

8. Sb^{3+} 的鉴定主要取用 Sb^{3+} 与 $Na_2S_2O_3$ 生成了橘红色硫氧化锑 Sb_2OS_2 沉淀。反应式为：

$$2Sb^{3+} + 3S_2O_3^{2-}\longrightarrow 4SO_2\uparrow + Sb_2OS_2\downarrow（橘红色）$$

溶液中酸性不宜过强，否则 $Na_2S_2O_3$ 将分解为 SO_2 和 S，有碍鉴定反应的进行。

9. Bi^{3+} 的鉴定主要利用 Bi^{3+} 与亚锡酸钠溶液作用，试剂使 Bi^{3+} 还原为黑色金属铋，是铋离子的主要定性反应之一。反应式为：

$$Bi^{3+} + 3OH^-\longrightarrow Bi(OH)_3\downarrow$$

$$2Bi(OH)_3 + 3Na_2SnO_2\longrightarrow 2Bi\downarrow + 3Na_2SnO_3 + 3H_2O$$

反应进行时，必须避免加入浓碱和加热，否则亚锡酸钠将分解生成黑色金属锡的沉淀。

$$2Na_2SnO_2 + H_2O\longrightarrow Na_2SnO_3 + Sn\downarrow + 2NaOH$$

三、实验用品

（1）仪器：大试管（装有软木塞及导气管），离心机，离心管。

（2）药品：固体 NH_4Cl、$AgNO_3$、$Pb(NO_3)_2$、$NaNO_2$、Cu、Na_3BiO_3、As_2O_3（剧毒）、Zn 粒、$Na_2S_2O_3$。

1）酸：1mol/L H_2SO_4、浓 HNO_3、6mol/L HNO_3、（6mol/L、2mol/L）HCl；

2）碱：（6mol/L、2mol/L）NaOH、6mol/L $NH_3\cdot H_2O$；

3）盐：0.1mol/L NH_4NO_3 溶液、0.1mol/L $CaCl_2$ 溶液、0.1mol/L $AgNO_3$ 溶液、0.1mol/L KI 溶液、0.1mol/L $AsCl_3$ 溶液、0.1mol/L $SnCl_2$ 溶液、1mol/L $NaNO_2$ 溶液、

0.1mol/L SbCl$_3$ 溶液、0.1mol/L KMnO$_4$ 溶液、0.1mol/L Bi（NO$_3$）$_3$溶液、0.1mol/L Na$_3$PO$_4$溶液、2mol/L Na$_2$S 溶液、0.1mol/L Na$_2$HPO$_4$溶液、0.1mol/L NaH$_2$PO$_4$溶液、0.05mol/L MnSO$_4$溶液；

（4）其他：奈氏试剂、淀粉试液、pH 试纸 、H$_2$S 溶液 、I$_2$溶液 0.01mol/L、Pb（Ac）$_2$ 棉花。

四、实 验 内 容

1. 铵离子的鉴定(气室法)　取一块较大的表面皿,其上覆盖一块小表面皿制成气室。在小表皿的内壁贴一小块用水湿润的红色石蕊试纸和一小块用奈氏试剂湿润的试纸,在大表皿上滴加氨离子试液及 6mol/LNaOH 各 2 滴,立即将小表面皿盖上,稍待片刻,必要时在水浴上微热,即见红色石蕊试纸变蓝,奈氏试剂显棕褐色,写出反应式(同时做空白试验)。

2. 亚硝酸的性质

（1）亚硝酸的氧化性:在试管中加入两滴 0.1mol/L KI 溶液,加水稀释至 1ml。用 1mol/L H$_2$SO$_4$ 酸化后,滴加 1mol/L NaNO$_2$溶液 2 滴,观察现象。再加入淀粉溶液 1 滴,观察现象。写出反应式。

（2）亚硝酸的还原性:在试管中加入 5 滴 0.01mol/L KMnO$_4$溶液。用 1mol/L H$_2$SO$_4$酸化,然后滴加 1mol/L NaNO$_2$溶液,观察溶液颜色的变化。写出反应式。

3. 硝酸和硝酸盐的性质

（1）硝酸的氧化性:分别取一颗小铜粒于两试管中,一管加入浓 HNO$_3$ 10 滴;另一管中加入 6mol/L 硝酸 10 滴,必要时可微微加热,比较两试管反应有何不同? 如何说明硝酸是氧化性的酸(本实验在通风橱中进行)。

（2）硝酸盐受热分解:在 3 支试管中分别加少量硝酸银、硝酸铅和硝酸钠固体,用喷灯直火灼热,观察放出气体的颜色。取带有火星的火柴插入试管,检验气体产物。管中残渣是什么? 写出反应式。

4. 碱酸盐的性质　取 3 支试管,分别加 2 滴 0.1mol/L Na$_3$PO$_4$、Na$_2$HPO$_4$和 NaH$_2$PO$_4$溶液及 1ml 蒸馏水,用 pH 试纸检验它们的 pH,然后在每支试管中加入 10 滴 0.1mol/L CaCl$_2$溶液,振摇。观察何者有沉淀产生? 加入氨水至碱性,观察有何变化。最后各加入 6mol/L 盐酸至酸性,沉淀是否溶解? 比较磷酸钙、磷酸氢钙与磷酸二氢钙的溶解度,说明它们之间相互转化的条件。写出反应式。

5. 砷、锑、铋的性质

（1）硫化物和硫代酸盐:在 3 支离心管中分别加 2 滴 0.1mol/L AsCl$_3$、SbCl$_3$和 Bi（NO$_3$）$_3$溶液,各加 2 滴 6mol/L HCl,再加 H$_2$S 饱和溶液至沉淀完全,观察硫化物的颜色,离心分离,弃去清液,然后向各管再加 20 滴 2mol/L Na$_2$S 溶液,搅拌之,哪种沉淀溶解,哪种沉淀不溶解? 在沉淀已溶解后的清液中加 2mol/L HCl 酸化,又会发生什么变化? 写出反应式。

（2）氧化物或氢氧化物的酸碱性

1）氧化二砷的性质:取两支干试管,各加少量 As_2O_3（极毒,向老师领取）。在一支试管内加少量 2mol/L NaOH 溶液,振荡,As_2O_3 是否溶解（保留溶液,供下面 Na_3AsO_3 的还原性实验用）? 在另一试管内加 6mol/L HCl 溶液,振荡,As_2O_3 是否溶解? 加热,As_2O_3 是否溶解? 根据实验结果说明 As_2O_3 的酸性和碱性相对强弱。

2）氢氧化亚锑的生成与性质:向盛有 10 滴 0.1mol/L $SbCl_3$ 溶液的试管中滴加 2mol/L NaOH 溶液,观察现象,把沉淀分成两份,分别试验它们与 6mol/L NaOH 溶液和 6mol/L HCl 溶液的作用,沉淀是否溶解? 写出反应式。

3）氢氧化铋的生成与性质:向盛有 10 滴 0.1mol/L Bi（NO_3）$_3$ 溶液的试管中,滴加 2mol/L NaOH 溶液,观察反应产物的颜色和状态。把沉淀分成两份,分别试验它们与 6mol/L HCl 和 6mol/L NaOH 溶液的作用,沉淀是否溶解? 写出反应式。

（3）三价砷(锑、铋)的还原和五价砷(锑、铋)的氧化性

1）取少量(5、6 滴)由本实验得到的亚砷酸钠弱碱性溶液,滴加碘溶液,有何现象? 然后将溶液用浓盐酸酸化,又有何变化? 写出反应式并解释之。

2）铋酸钠的氧化性。往盛有 5 滴 0.05mol/L $MnSO_4$ 试液和 10 滴 6mol/L HNO_3 试管中加入少量铋酸固体,振摇试管并微热,观察到什么变化,并解释之。

6. 离子鉴定

（1）砷的鉴定:如图 2-2 所示,在试管中放含有砷的试液 1 滴,锌粒少许,滴加 6mol/L HCl 溶液 10 滴,在试管上半部放 Pb（Ac）$_2$ 棉花一小团,在棉花上放一小片沾有 $AgNO_3$ 溶液的滤纸,管口用纸套罩住,如图所示,数分钟后,使蘸有 $AgNO_3$ 的滤纸变为黑褐色或黑色,证明砷存在。

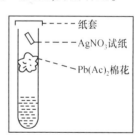

图 2-2 砷的鉴定示意

（2）Sb^{3+} 离子的鉴定:取 Sb^{3+} 离子试液 10 滴,加热至沸,趁热加入固体 $Na_2S_2O_3$ 少许,生成红色硫氧化锑（Sb_2OS_2）沉淀,示有 Sb^{3+} 离子。

（3）Bi^{3+} 离子的鉴定:亚锡酸钠溶液的配制。取 2 滴 $SnCl_2$ 溶液,滴入 2mol/L NaOH 溶液,使最初生成的 $Sn(OH)_2$ 沉淀溶解生成亚锡酸钠溶液。取 Bi^{3+} 离子试剂配制的亚锡酸钠碱性溶液 4~5 滴,生成黑色金属铋沉淀,示有 Bi^{3+} 离子

$$SnCl_2 + 2NaOH = 2NaCl + Sn(OH)_2 \downarrow$$

$$Sn(OH)_2 + 2NaOH = 2H_2O + Na_2SnO_2$$

$$2Bi^{3+} + 6OH^- + 3SnO_2^{2-} = 2Bi \downarrow + 3SnO_3^{2-} + 3H_2O$$

7. As^{3+}, Sb^{3+}, Bi^{3+}混合离子的分离和检出(图 2-3)

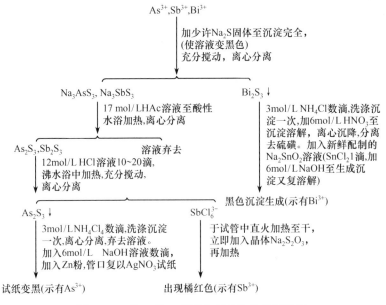

图 2-3 As^{3+},Sb^{3+},Bi^{3+}混合离子的分离和检出

五、注 意 事 项

1. 本实验中,NO$_2$、AsH$_3$、H$_2$S 均为有毒气体,有刺激性,吸入后能刺激神经与肺泡。因此在做这一类实验时,必须在通风橱内进行,实验室也要注意通风。

2. As$_2$O$_3$(俗称砒霜)是剧毒的白色固体,致死量仅为 0.1g。其他可溶性的砷化合物也有剧毒,切勿进入口内或与伤口接触,用毕要洗手,废液要妥善处理。

锑、铋的化合物也有毒,使用中要注意。

3. 在硝酸盐热分解时,反应产物中伴有大量有毒气体 NO$_2$,所以预先要准备好带火星的纸捻或火柴,当夹有 NO$_2$(红棕色)气体出现时,立刻用以检验。实验结束后,应立即处理。

六、思 考 题

1. 为什么单质氮在常温下有很高的化学稳定性?

2. 什么一般情况下不用 HNO$_3$作为酸性反应介质,稀硝酸和金属作用与稀HSO$_4$或稀 HCl 和金属作用有何不同?

3. 试以 NaH$_2$PO$_4$和 Na$_2$HPO$_4$为例,说明酸性溶液是否都呈酸性?

4. 如何配制 SbCl$_3$和 Bi(NO$_3$)$_3$水溶液? 它们有何特性?

5. 本实验中,溶液的酸、碱性影响氧化还原反应方向的实例有哪些?

6. 氮族元素的金属性和非金属性有什么变化规律? 这些元素最常见的氧化数有哪些?

7. 亚硝酸与亚硝酸盐为什么既具有氧化性又具有还原性? 试举例说明。

8. 怎样鉴定 NH_4^+ 离子?

9. 磷酸的各种钙盐的溶解性有什么不同?

10. 如何分离 Sb^{3+} 和 Bi^{3+}?

11. 化合物 A 是无色液体,在它的水溶液中加入 HNO_3 和 $AgNO_3$ 时生成白色沉淀 B;B 能溶于氨水得一溶液 C,C 中加入 HNO_3 时 B 重新沉淀,将 A 的水溶液以 H_2S 饱和,得黄色沉淀 D,D 不溶于稀 HNO_3,但能溶于 KOH 和 KHS 的混合液,得到溶液 E。酸化 E 时,D 重新沉淀,试鉴别字母所标出的物质。

实验二十二 碱金属、碱土金属

一、实验目的

1. 试验金属钠的强还原性。

2. 掌握钠、钾、镁、钙、钡的鉴定方法。

3. 比较镁、钙、钡的氢氧化物、硫酸盐、铬酸盐、草酸盐、碳酸盐的溶解性。

4. 了解对阳离子未知液的分析方法。

二、实验原理

1. 碱金属是周期系第 I 主族元素、原子最外层的电子构型为 ns^1,它们容易失去这一个电子而表现强还原性。

2. 碱金属的盐类一般都易溶于水,只有少数几种盐难溶,如钴亚硝酸钾(二钾),醋酸铀酰锌钠等。利用它们的难溶性来检验钠、钾离子。

碱土金属的硝酸盐、氯化物都易溶于水。碳酸盐、硫酸盐、磷酸盐等难溶。可利用难溶盐的生成,如磷酸铵镁、草酸钙、硫酸钡、铬酸钡沉淀以检验镁离子、钙离子和钡离子。

3. 碱金属、碱土金属及其挥发性的化合物,在无色火焰中灼烧时,原子中外层电子接受能量被激发到较高能级上,但不稳定,当这些电子跃回低能级时,便将多余的能量以光子形式放出、产生特征的焰色。

三、实验用品

(1) 仪器:钴玻璃、镊子、酒精喷灯。

（2）药品：固体、金属钠。

1）酸：HCl 溶液（2mol/L、浓）、2mol/L HAc 溶液、2mol/L HNO₃ 溶液、3mol/L H₂SO₄ 溶液。

2）碱：2mol/L NaOH 溶液、2mol/L 氨水。

3）盐：0.5mol/L NaCl 溶液、CaSO₄ 饱和溶液、0.5mol/L Na₂SO₄ 溶液、0.5mol/L KCl 溶液、0.5mol/L Na₂CO₃ 溶液、0.01mol/L KMnO₄ 溶液、0.5mol/L CaCl₂ 溶液、0.5mol/L K₂CrO₄ 溶液、10% NH₄Cl 溶液、0.5mol/L BaCl₂ 溶液、0.5mol/L Na₂HPO₄ 溶液、3%（NH₄）₂C₂O₄ 溶液、0.5mol/L SrCl₂ 溶液、0.5mol/L（NH₄）₂HPO₄ 溶液、20% Na₃[Co(NO₂)₆] 溶液、NH₃·H₂O-NH₄Cl-（NH₄）₂CO₃ 混合溶液、1% Na[B(C₆H₅)₄] 溶液、醋酸铀酰锌溶液。

四、实 验 内 容

1. 碱金属

（1）金属钠的性质、与氧的作用：用镊子取一小块金属钠，迅速用滤纸吸干其表面的煤油，用刀削去外层，使露出新鲜面，立即放入坩埚中加热；当开始燃烧时，停止加热，观察反应情况和产物的颜色、状态。

将反应物转入干试管中，加入少许水，即发生反应（反应放热，必须将试管放在冷水中）。

检验管口是否有氧放出（怎样试验）。

检验水溶液是否呈碱性（用 pH 试纸试验）。

检验水溶液是否有 H₂O₂ 生成（将溶液用 1mol/L H₂SO₄ 溶液酸化，加 1 滴 0.01mol/L KMnO₄ 溶液，观察紫色是否褪去）。写出氧化产物与水作用的反应式。

（2）钠盐、钾盐的鉴定

1）生成醋酸铀酰锌钠鉴定：Na⁺ 离子于一小试管中，加 1 滴 Na⁺ 离子试液（0.5mol/L NaCl 溶液），加 2 滴 2mol/L HAc 溶液和约 10 滴醋酸铀酰锌试液，用玻璃棒摩擦试管内壁，即有黄绿色醋酸铀酰锌钠沉淀生成。写出离子反应式。

2）生成钴亚硝酸钠钾鉴定：K⁺ 离子于一小试管中，加 2 滴 K⁺ 离子试液（0.5mol/L KCl 溶液），再加 3~4 滴钴亚硝酸钠试液，即有黄棕色沉淀生成。写出离子反应式。

3）生成四苯硼钾鉴定钾离子于一小试管中，加 2 滴 K⁺ 离子试液（0.5mol/L KCl 溶液），加入 3~4 滴四苯硼钠试剂，即有白色四苯硼钾沉淀生成。写出离子反应式。

2. 碱土金属

（1）氢氧化镁的生成和性质：在 3 支小试管中，各加入约 5 滴 0.5mol/L MgCl₂ 溶液，再向各试管中滴加 2 滴 2mol/L NaOH 溶液，观察生成的氢氧化镁沉淀的颜色和状态,然后再分别滴加 3~4 滴 2mol/L NaOH;2mol/L HCl 和 10% NH_4Cl 溶液,观察现象,并比较三个试管中沉淀量的多少。写出反应式,并解释之。

(2) 难溶盐的生成和性质、硫酸盐的溶解度比较:在 3 支试管中,分别加 5 滴 0.5mol/L $CaCl_2$、$SrCl_2$、$BaCl_2$ 溶液,然后各加 10 滴 0.5mol/L $CaCl_2$、$SrCl_2$、$BaCl_2$ 溶液,然后各加 10 滴 0.5mol/L Na_2SO_4 溶液,观察反应产物的颜色和状态。

比较 $CaSO_4$、$SrSO_4$、$BaSO_4$ 的溶解度大小。

(3) 钙、锶、钡碳酸盐的生成和性质

1) 取 3 支试管,分别加 5 滴 0.5mol/L $CaCl_2$、$SrCl_2$、$BaCl_2$ 溶液,再加 6~7 滴 0.5mol/L Na_2CO_3 溶液,观察现象,再向各管中约加 10 滴 2mol/L HAc 溶液,观察现象并写出反应式。

2) 取 1 支试管,加 5 滴 0.5mol/L $MgCl_2$ 溶液,5 滴氨水 氯化铵、碳酸铵混合溶液[含 1mol/L $NH_3 \cdot H_2O$-NH_4Cl 溶液和 0.5mol/L $(NH_4)_2CO_3$ 溶液],观察现象,并解释之。

(4) 钙、钡铬酸盐的生成和性质:在 2 支试管中,各加 5 滴 0.5mol/L $CaCl_2$ 溶液、0.5mol/L $BaCl_2$ 溶液,再加 10 滴 0.5mol/L K_2CrO_4 溶液,观察现象。试验产物对 2mol/L HAc 溶液、2mol/L HCl 溶液的作用。写出反应式。

(5) 钙离子的鉴定:生成草酸钙鉴定 Ca^{2+} 离子:在 1 支试管中,加 5 滴 Ca^{2+} 离子试液(0.5mol/L $CaCl_2$ 溶液)和 10 滴 $(NH_4)_2C_2O_4$ 溶液,观察反应现象,试验产物对 2mol/L HAc 溶液和 2mol/L HCl 溶液的作用,写出反应式。

(6) 镁离子的鉴定:生成磷酸铵镁鉴定 Mg^{2+} 离子:在 1 支试管中加 10 滴 Mg^{2+} 离子试液(0.5mol/L $MgCl_2$ 溶液),加 5 滴 $NH_3 \cdot H_2O$-NH_4Cl,再加 10 滴 Na_2HPO_4 溶液,振荡试管,有白色磷酸铵镁沉淀生成。写出反应式。

3. 钠、钾、钙、锶、钡盐的焰色试验　取铂丝棒(或镍丝棒)反复蘸以浓 HCl,在酒精喷灯上灼烧至无色。

分别蘸以 0.5mol/L NaCl,KCl,$CaCl_2$,$SrCl_2$,$BaCl_2$ 溶液在氧化焰中灼烧,观察并比较它们的焰色有何不同。

(观察钾盐的焰色时,需用钴玻璃滤光)。

4. 未知液的分离和检出　取可能含 Na^+、K^+、NH_4^+、Mg^{2+}、Ca^{2+}、Ba^{2+} 的混合溶液 20 滴,于一离心管中混合均匀后,先按(1)中的步骤检验 NH_4^+ 离子。

(1) NH_4^+ 的检出——气室法:取 3 滴混合溶液于一块表面皿上,再滴加 6mol/L NaOH 溶液至显碱性为止。另取一块较小表面皿,在凹面上贴一块湿的 pH 试纸和一块以奈氏试剂润湿的滤纸,将此表面皿迅速覆盖在大表面皿上。如果 pH 试纸变成蓝紫色并使蘸有奈氏试剂的滤纸变成红褐色,表示试液中有 NH_4^+ 离子(同时做空白试验)。

检出 NH_4^+ 以后,再按下列步骤进行分离和检出。

（2）BaCO₃和CaCO₃的沉淀：在试液中加6滴3mol/L NH₄Cl溶液，并加2mol/L氨水使溶液呈碱性，再多加3滴氨水。在搅拌下加10滴1mol/L（NH₄）₂CO₃溶液，离心管放在60℃的热水浴中加热几分钟，然后离心沉降，分离，把清液移到另1支离心管中，按（5）中操作处理，沉淀供（3）用。

（3）Ba²⁺的分离和检出：在（2）中所得的沉淀用10滴热水洗涤，离心沉降，分离弃去洗涤液，加3mol/L HAc溶液溶解沉淀（需加热，并不断搅拌）。然后加5滴4mol/L NH₄Ac溶液，加热后，滴加1mol/L K₂CrO₄溶液数滴，如有黄色沉淀产生即表示有Ba²⁺存在，如清液呈橘黄色时，表明Ba²⁺已沉淀完全，否则需要加1mol/L K₂CrO₄溶液使Ba²⁺沉淀完全，离心沉降，分离，清液留做检查Ca²⁺。

（4）Ca²⁺的检出：向（3）所得的清液中加1滴2mol/L氨水和1滴2mol/L（NH₄）₂C₂O₄溶液，加热后，如有白色沉淀产生，表示有Ca²⁺。

（5）残留Ba²⁺、Ca²⁺的除去：向（2）所得的清液内加2mol/L，（NH₄）₂C₂O₄和2mol/L（NH₄）₂SO₄各1滴。加热几分钟，如果溶液浑浊，离心分离，弃去沉淀，把清液移到坩埚中。

（6）Mg²⁺的检出：取几滴（5）中的清液，加到试管中，再加1滴2mol/L（NH₄）₂HPO₄溶液，摩擦试管内壁。如果产生白色结晶，表示有Mg²⁺

另取1滴（5）中的清液，加在点滴板的穴中，再加2滴2mol/L NaOH溶液使呈碱性，然后加1滴镁试剂，如产生蓝色沉淀，表示有Mg²⁺离子存在。

（7）铵盐的除去：将（5）中已经移在坩埚中的清液，小心地蒸发至只剩下几滴为止，再加8～10滴浓硝酸，然后蒸发至干，为了防止溅出，应在蒸到最后1滴时，借石棉网上的余热把它蒸发至干，最后用大火灼烧至不再冒白烟。冷却后，往坩埚中加入8滴蒸馏水，使溶解。从坩埚中取出此溶液1滴，加在点滴板的穴中、再加2滴奈氏试剂，如果不产生红褐色沉淀，表明铵盐已被除尽，否则需重复上述除铵盐的操作。按盐除尽后，溶液供（8）、（9）检出Na⁺、K⁺离子。

（8）Na⁺的检出：取（7）中的溶液2滴，加10滴醋酸铀酰锌试剂，并用玻璃棒摩擦试管内壁，如有黄绿色晶体生成，示有Na⁺离子。

（9）K⁺的检出：将（7）中剩余的溶液加到试管中，加2滴Na₃[Co（NO₂）₆]溶液；如产生黄色沉淀，表示有K⁺离子。

五、注意事项

金属钠、钾遇水会引起爆炸，在空气中也会立即被氧化，所以通常将它们保存在煤油中，安放在阴凉处。使用时应在煤油中切割成小块，用镊子夹取，并用滤纸把煤油吸干，切勿与皮肤接触。未用完的金属钠碎屑不能乱丢，可加入少量无水乙醇，使其缓慢反应。

六、思 考 题

1. 有一白色固体,初步试验,它不溶于水,用盐酸处理,则产生气泡,得一澄清溶液,如果用硫酸处理,也产生气泡,但不能形成澄清的溶液,这一白色固体是什么化合物?

2. 通过计算,说明 $MgCl_2$ 溶液中,滴入氨水时,会生成 $Mg(OH)_2$ 和 NH_4Cl,而 $Mg(OH)_2$ 沉淀又能溶于饱和的 NH_4Cl 溶液。

 # 实验二十三　铬和锰的化合物

一、实 验 目 的

1. 试验并掌握铬和锰的各种主要氧化态化合物的生成与性质。
2. 试验并掌握铬和锰的各种氧化态间的转化条件。

二、实 验 原 理

（1）铬和锰分别为周期系ⅥB、ⅦB族元素,它们都有可变的氧化态。铬的氧化态有+2、+3、+4、+5、+6、+7,其中氧化态+2的化合物不稳定,锰的氧化态有+2、+3、+4、+5、+6、+7,其中氧化态+3、+5的化合物不稳定。锰的各种氧化态的化合物有不同的颜色。

氧化态	+2	+3	+4	+5	+6	+7
水合离子	Mn^{2+}	Mn^{3+}	无	MnO_3^-	MnO_4^{2-}	MnO_4^-
颜色	浅桃红	深红	蓝		绿	紫

（2）+2价铬可用还原剂(如锌)将+6价或+3价铬还原而制得。

（3）+3价的氢氧化物呈两性,+3价铬容易水解。在碱性溶液中,+3价铬盐易被强氧化剂如 Na_2O_2 氧化为黄色。铬酸盐和重铬酸盐在水溶液中存在下列平衡。

$$2CrO_2^- + 3H_2O_2 + 2OH^- = 2CrO_4^{2-} + 4H_2O$$

（4）铬酸盐和重铬酸盐都是强氧化剂,易被还原为+3价铬(+3价铬离子呈绿色或蓝色)。在酸性溶液中,$Cr_2O_7^{2-}$ 与 H_2O_2 作用生成蓝色过氧化铬 CrO_5。

（5）+2价锰的氢氧化物呈白色,但是在空气中容易被氧化,逐渐变成棕色 MnO_2 的水合物 $MnO(OH)_2$。

（6）+6价锰酸盐可由 MnO_2 和强碱在氧化剂如 $KClO_3$ 的作用下,强热而制得。

绿色的锰酸钾溶液在中性或微碱时,MnO_4^{2-}即发生歧化反应,生成紫色的高锰酸钾和棕黑色的MnO_2沉淀。

$$3K_2MnO_4 + 2H_2O \rightleftharpoons 2KMnO_4 + MnO_2 \downarrow + 4KOH$$

(7) K_2MnO_4可被强氧化剂(如单质)氧化成$KMnO_4$。

(8) K_2MnO_4和$KMnO_4$都是强氧化剂,它们的还原产物随介质的不同而不同,例如,MnO_4^-在酸性介质中,被还原为Mn^{2+},在中性介质中,被还原为MnO_2,而在强碱性介质中和少量还原剂作用时,则被还原为MnO_4^{2-}。

(9) 在硝酸溶液中Mn^{2+}可以被$NaBiO_3$氧化为紫色的MnO_4^-。通常利用这个反应来鉴别Mn^{2+}。

$$5NaBiO_3 + 2Mn^{2+} + 14H^+ = 2MnO_4^- + 5Bi^{3+} + 5Na^+ + 7H_2O$$

三、实 验 用 品

HCl 溶液(2mol/L,浓)、2mol/L HNO₃ 溶液、NaOH 溶液(2mol/L,6mol/L)、0.1mol/L Cr₂(SO)₃溶液、0.1mol/L BaCl₂溶液、0.1mol/L MnSO₄溶液、K₂Cr₂O₇溶液(0.1mol/L,饱和)、0.1mol/L K₂CrO₇ 溶液、0.1mol/L Na₂S 溶液、0.1mol/L Pb(NO₃)₂溶液、0.5mol/L FeSO₄溶液、NH₄Cl 溶液(饱和)、KMnO₄溶液(s,0.1mol/L)、0.1mol/L Na₂SO₃溶液、H₂SO₄溶液(2mol/L,浓)、H₂O₂(体积分数为 3%)、2mol/L NH₃·H₂O 溶液、乙醇、乙醚、石灰水、MnO₂(s)、NaBiO₃(s)、(NH₄)₂Cr₂O₇(s)、KMnO₄(s)、Na₂SO₃(s)、PbAc(s)、0.1mol/L AgNO₃。

四、实 验 内 容

1. Cr(Ⅲ)化合物的性质

(1) Cr(Ⅲ)的水解作用:往盛有 1ml 左右的 0.1mol/L,硫酸铬溶液中加入0.1mol/L Na₂S,观察产物的颜色和状态,并设法证明产物是 Cr(OH)₃而不是Cr₂S₃。写出反应方程式,解释上述现象。

(2) Cr(Ⅲ)的还原性:往盛有 1ml 左右的 0.1mol/L,硫酸铬溶液中加入过量的 2mol/L NaOH 溶液,直至最初生成的沉淀溶解为止。往清液中逐滴加入体积分数为 3% 的 H₂O₂溶液,微热,溶液的颜色有何变化? 写出反应方程式。如果再用2mol/L H₂SO₄酸化该溶液(必要时可再加入数滴 H₂O₂溶液),溶液的颜色又有何变化? 由此说明酸碱介质对此反应的影响。

(3) 氢氧化铬(Ⅲ)的酸碱性:往分别盛有 1ml 左右的 0.1mol/L 硫酸铬溶液的2 支试管中逐滴加入 2mol/L NH₃·H₂O 溶液至沉淀完全。观察产物的颜色。离心分离,弃去清液,即得到 2 份沉淀。往一份沉淀上加 2mol/L HCl 溶液,有何变化?

往另一份沉淀上加 2mol/L NaOH 溶液,沉淀是否溶解? 把所得到的溶液煮沸,又有何变化? 写出反应方程式,解释上述现象。

2. Cr(Ⅵ)化合物的性质

(1) 三氧化铬的生成和性质:在离心管中加入 2ml 饱和 K_2CrO_4 溶液,放在冰水中冷却,慢慢加入冷的浓硫酸。观察红色 CrO_3 晶体生成。离心分离,弃去清液,把晶体转至蒸发皿中,放在水浴上烘干,冷却,然后往晶体上加几滴酒精。由于猛烈反应而发生燃烧。反应式如下:

$$4CrO_3 + C_2H_5OH = 2Cr_2O_3 + 2CO_2\uparrow + 3H_2O$$

(2) 重铬酸钾的氧化性:往盛有 1ml 的 0.1mol/L,重铬酸钾溶液中加入 0.5 ml 2mol/L,的 H_2SO_4 溶液,然后把溶液分成 2 份:往一份溶液中加入 0.5ml 0.1mol/L 的 $FeSO_4$ 溶液,往另一份沉淀上加 Na_2SO_3 固体,溶液的颜色有何变化? 写出反应方程式。

(3) 微溶性铬酸盐的生成及溶解:在 3 支试管中加入少量 0.1mol/L 的 K_2CrO_4 溶液,再分别加入 $AgNO_3$,$BaCl_2$,$Pb(NO_3)_2$ 溶液,观察溶液的颜色和状态,写出反应式,并试验这些铬酸盐沉淀能溶于什么酸中。

以 $K_2Cr_2O_7$ 溶液代替 K_2CrO_4,溶液,做同样的试验,有什么现象? 试用 CrO_4^{2-} 与 $Cr_2O_7^{2-}$ 间的平衡关系说明这一实验结果,并写出反应方程式。

(4) 过氧化铬的生成和分解:在少量 0.1mol/L $K_2Cr_2O_7$ 溶液中,加入稀 H_2SO_4 酸化,再加入少量乙醚,然后滴入体积分数为 3% 的 H_2O_2 溶液,摇匀,观察由于生成的过氧化铬 CrO_5 溶于乙醚而呈现的蓝色。但 CrO_5 不稳定,慢慢分解,乙醚层蓝色逐渐褪去。

反应式如下:

$$Cr_2O_7^{2-} + 4H_2O_2 + 2H^+ = 2CrO_5 + 5H_2O$$
$$4CrO_5 + 12H^+ = 4Cr^{3+} + 7O_2\uparrow + 6H_2O$$

(5) 重铬酸铵的热分解:取研细的 $(NH_4)_2Cr_2O_7$ 3 勺,堆放在石棉网中央成小丘状,用酒精灯在其下面加热,观察反应现象与产物颜色,写出反应式。

(6) CrO_4^{2-} 与 $Cr_2O_7^{2-}$ 在溶液中的平衡和转化:往盛有 1ml 0.1mol/L $K_2Cr_2O_7$ 溶液中滴加入 2mol/L NaOH 溶液,溶液的颜色有何变化?

再往盛有 1ml 0.1mol/L $K_2Cr_2O_7$ 溶液中滴加 2mol/L H_2SO_4 溶液,溶液的颜色有何变化? 再滴加 2mol/L 的 NaOH 溶液,溶液的颜色又有何变化? 写出反应方程式。

3. Mn(Ⅱ)化合物的性质

(1) $Mn(OH)_2$ 的生成和性质:在 4 支试管中分别加入 2mol/L $MnSO_4$ 溶液,把 2mol/L 的 NaOH 溶液在液面下缓缓滴入,制得 $Mn(OH)_2$ 沉淀,注意观察产物的颜色。将其中 1 支试管振荡,使沉淀与空气接触,观察沉淀颜色的变化,其余 3 支试管分别加 2mol/L 的 HCl 溶液,2mol/L 的 NaOH 溶液和饱和 NH_4Cl 溶液,观察沉淀是否溶解,写出反应式。

（2）Mn（Ⅱ）还原性：在 3 ml 2mol/L HNO$_3$ 中加入量 0.1mol/L MnSO$_4$ 溶液，再加入少量 NaBiO$_3$ 固体，水浴加热，观察紫红色 MnO$_4^-$ 生成，写出反应方程式。

在 6mol/L NaOH 溶液和溴水的混合溶液中，滴加 0.1mol/L MnSO$_4$ 溶液，观察现象，写出反应方程式。

取少量 KMnO$_4$ 溶液于试管中，逐滴加入 0.1mol/L MnSO$_4$ 溶液，观察产物的生成，写出反应方程式。

4. Mn（Ⅳ）化合物的性质　在试管加入少量 MnO$_2$ 粉末和约 5ml 2mol/L 的 H$_2$SO$_4$ 溶液，然后加入 1mol/L 的 Na$_2$SO$_3$ 溶液，不断摇动试管，观察现象，写出反应方程式。

取少量 MnO$_2$ 固体于试管中，加入 2ml 浓盐酸，观察反应产物的颜色和状态。把此溶液加热，颜色有何变化？有何气体产生？说明 MnCl$_4$ 的不稳定性。反应式如下：

$$MnO_2 + 4HCl = MnCl_4 + 2H_2O$$

$$MnCl_4 = MnCl_2 + Cl_2 \uparrow$$

5. Mn（Ⅶ）化合物的性质

（1）KMnO$_4$ 的氧化性：取少量 KMnO$_4$ 固体于试管中，加热。观察现象，检验放出的气体；继续加热至无气体放出，将产物冷却后加水，观察现象，写出反应式。

取少量 0.1mol/L KMnO$_4$ 溶液与 3 支试管中，再分别向其中加入稀 H$_2$SO$_4$ 溶液 6mol/L NaOH 溶液和蒸馏水，然后加入少量 0.1mol/L Na$_2$SO$_3$ 溶液。观察反应现象，比较它们的产物有何不同？写出离子反应式。

（2）Mn$_2$O$_7$ 的生成和性质：取火柴头大小的 KMnO$_4$ 固体于试管中，小心缓慢地加入数滴冷却过的浓硫酸，振荡，观察现象。用玻璃棒蘸取上述混合物，去接触酒精灯的灯心，观察现象。

在浓硫酸中加入少量 KMnO$_4$ 固体，生成含 MnO$_3^+$ 的亮绿色溶液，若加入较大量的 KMnO$_4$ 固体，则生成棕色油状物 Mn$_2$O$_7$。将该棕色油状物分为 2 份：一份放入蒸发皿中，再加入几滴体积分数为 95% 乙醇溶液，观察到什么现象？另一份微热，观察有什么物质生成。后者稍受热即产生爆炸性分解，且遇有机物易燃烧，溶于水则成为紫色高锰酸。写出反应式，说明上述现象。

$$2KMnO_4 + H_2SO_4（浓）=　Mn_2O_7 + K_2SO_4 + 2H_2O$$

注意：本实验中取用 KMnO$_4$ 固体量一定要少，否则会引起爆炸。

五、注意事项

1. Mn^{3+} 离子存在于强酸性溶液中，要保证足够的酸性。

2. K$_2$MnO$_4$ 存在于强碱性溶液中，要保证足够的碱性。

3. KMnO$_4$ 在酸性介质中被还原成 Mn^{2+}，近无色，若得到棕色的溶液，说明试液的酸度不足。

六、思 考 题

1. 怎样实现 $Cr_3^+\rightleftharpoons CO_3^{2-}$，$CrO_4^{2-}\rightleftharpoons Cr_2O_7^{2-}$

   $MnO_2\rightleftharpoons MnO_4^{2-}$，$MnO_4^{2-}\rightleftharpoons MnO_4^-$

   $MnO_4^-\rightleftharpoons Mn^{2+}$ 等氧化态之间的互相转化？主要途径和条件是什么？

2. 如何分离 Cr^{3+} 与 Al^{3+}；Mn^{2+} 与 Mg^{2+}？

实验二十四 铁、钴、镍

一、实验目的

1. 实验并掌握铁(Ⅱ)、钴(Ⅱ)、镍(Ⅱ)的还原性和铁(Ⅲ)、钴(Ⅲ)、镍(Ⅲ)的氧化性变化规律。

2. 试验并了解铁、钴、镍的络合物在定性分析中的应用。

二、实验原理

略。

三、实验用品

（1）仪器：试管、试管夹、烧杯。

（2）试剂：HCl 溶液（2mol/L、浓）、2mol/L H_2SO_4 溶液、2mol/L HAc 溶液、氨水（2mol/L、6mol/L 浓）、0.1mol/L $K_4[Fe(CN)_6]$ 溶液、0.1mol/L $K_3[Fe(CN)_6]$ 溶液、0.1mol/L $CoCl_2$ 溶液、0.1mol/L $NiSO_4$ 溶液、0.1mol/L $(NH_4)_2Fe(SO_4)_2$ 溶液、0.1mol/L KI 溶液、0.1mol/L $FeCl_3$ 溶液、0.1mol/L $CuSO_4$ 溶液、0.1mol/L KSCN 溶液、0.1mol/L NH_4F 溶液、质量分数为 40% NaOH、H_2S（饱和）、0.1mol/L Na_2CO_3 溶液、KNO_3（饱和）、溴水、H_2O_2（体积分数为 3%）、CCl_4、戊醇、二乙酰二肟（体积分数为 1%的乙醇溶液）、碘化钾-淀粉试纸、铁屑 $FeCl_3\cdot 6H_2O(s)$、KCl(s)、$NH_4Cl(s)$、$(NH_4)_2Fe(SO_4)_2\cdot 6H_2O(s)$、铜片。

四、实验内容

1. Fe(Ⅱ)、Co(Ⅱ)、Ni(Ⅱ)化合物性质　Fe,Co,Ni 的还原性：在 1 支试管中

加入几滴溴水,然后加入过量的 0.1mol/L(NH$_4$)$_2$FeSO$_4$ 溶液,观察溶液颜色的变化。再滴加 0.1mol/L 的 KI 溶液,最后加入几滴淀粉溶液,以检验 Fe 的生成。有何现象发生?写出反应方程式。

另取 2 支试管,分别加入 0.1mol/L CoCl$_2$ 溶液和 NiSO$_4$ 溶液,然后分别加入溴水,观察有何变化,并与上述实验 1 进行比较。由此可得出什么结论?结合电极电势图,解释所得出的结论。

2. Fe(Ⅱ)、Co(Ⅱ)、Ni(Ⅱ)氢氧化物的生成和性质

(1) Fe(OH)$_2$ 的生成和性质:在 1 支试管中加入 1ml 蒸馏水和几滴稀硫酸,煮沸赶去溶于其中的空气,然后加入少量(NH$_4$)Fe(SO$_4$)·6H$_2$O 晶体。在另一试管中加入 2ml 2mol/L NaOH 溶液,小心煮沸,以赶去空气,冷却后,用一滴管吸取 2mL NaOH 插入(NH$_4$)$_2$Fe(SO$_4$)$_2$ 溶液(直至试管底部),慢慢放出 NaOH 溶液(整个操作过程都要避免将空气带进溶液中),观察白色 Fe(OH)$_2$ 沉淀的生成。摇荡后放置一段时间,观察沉淀的颜色有无变化。重复上述试验制取白色 Fe(OH)$_2$ 沉淀后,立即加入 2mol/L HCl 溶液,观察现象。写出上述过程所涉及的反应方程式。

(2) Co(OH)$_2$ 的生成和性质:在 CoCl$_2$ 溶液中滴加 2mol/L NaOH 溶液,直至生成粉红色 Co(OH)$_2$ 将此沉淀分为 3 份:一份振荡后放置一段时间、第二份加入数滴体积分数为 3% H$_2$O$_2$ 溶液或几滴溴水,第三份加入 2mol/L 的 HCl 溶液,观察各有何现象。写出上述过程所涉及的反应方程式。

$$2Co(OH)_2 + H_2O_2 = 2CoO(OH)\downarrow(棕色) + 2H_2O$$

(3) Ni(OH)$_2$ 的生成和性质:取 1 支试管,加入 0.1mol/L Ni(SO$_4$)$_2$ 溶液,再加入 2mol/L NaOH 溶液,观察亮绿色 Ni(OH)$_2$ 沉淀产生。将沉淀分为 3 份:一份滴加数滴体积分数 3% H$_2$O$_2$ 溶液,第二份加入数滴溴水,第三份加入 2mol/L 的 HCl 溶液,观察各有何现象。写出上述过程所涉及的反应方程式。

$$2Ni(OH)_2 + Br_2 + 2OH^- = 2NiO(OH)\downarrow(棕黑色) + 2Br^- + 2H_2O$$

根据实验结果比较 Fe(OH)$_2$,Co(OH)$_2$ 和 Ni(OH)$_2$ 的稳定性。

3. Fe(Ⅲ)、Co(Ⅲ)、Ni(Ⅲ)氢氧化物的生成和性质

(1) Fe(OH)$_3$ 的生成和性质:取 FeCl$_3$ 溶液加 NaOH 溶液制得 Fe(OH)$_3$ 沉淀。将沉淀分为 3 份:一份滴加浓盐酸,并用 KI 淀粉试纸检验有无氯气产生;另一份加入过量的浓 NaOH 溶液;第三份加入 2mol/L HCl 溶液,观察各有何现象。写出上述过程所涉及的反应方程式。

(2) Co(OH)$_3$ 的生成和性质:取 CoCl$_2$ 溶液加 NaOH 溶液和 H$_2$O$_2$ 以制得 Co(OH)$_3$ 沉淀。然后加入浓盐酸,观察现象,并用 KI-淀粉试纸检查所放出的气体。将溶液加水稀释,观察颜色有何变化?

$$2CoO(OH) + 6H^+ + 10Cl^- = 2[Co(H_2O)_2Cl_4]^{2-} + Cl_2$$

(3) Ni(OH)$_3$ 的生成和性质:取 NiSO$_4$ 溶液加 NaOH 和 Br$_2$ 以制得 Ni(OH)$_3$ 沉

淀,然后加入浓盐酸,观察现象,并检查所放出的气体。

根据上述实验结果,比较 3 价氢氧化物氧化性的强弱和递变规律,并说明 3 价氢氧化物的颜色与 2 价氢氧化物有何不同?

4. 铁盐的性质

(1) Fe 的还原性:在 $CuSO_4$ 溶液中加入少量纯 Fe 屑,观察现象,写出反应方程式。

(2) Fe(Ⅱ)的还原性:取 0.1mol/L $FeSO_4$ 溶液 2 份:一份加几滴 2mol/L H_2SO_4 溶液后,再加几滴 0.1mol/L K_2MnO_4 溶液;另一份滴加几滴溴水,观察现象,写出反应方程式。

(3) Fe(Ⅲ)的氧化性:取 0.1mol/L $FeCl_3$ 溶液 3 份:一份加入一小块 Cu 片,放置;另一份加 0.1mol/L 的 KI 溶液;第三份加饱和 H_2S 水溶液,观察现象,写出反应方程式。

(4) 铁盐的水解:在 2 试管中分别加少量的 $FeSO_4 \cdot 7H_2O$ 晶体和 $FeCl_3 \cdot 6H_2O$ 固体,用大量水溶解,检验溶液的 pH,解释并写出反应方程式。

在一试管中加少量 0.1mol/L 的 $FeCl_3$ 溶液,再加入几滴 0.1mol/L Na_2CO_3 溶液,观察现象,写出反应方程式。

5. 铁、钴、镍的配合物

(1) 铁的配合物:试验亚铁氰化钾 $K_4[Fe(CN)_6]$ 溶液与 $FeCl_3$ 溶液的反应。观察深蓝色沉淀或溶胶(普鲁士蓝)的生成(鉴定 Fe^{3+} 的反应)。

试验铁氰化钾 $K_3[Fe(CN)_6]$ 溶液与 $(NH_4)_2Fe(SO_4)_2$ 溶液的反应。观察深蓝色沉淀或溶胶(膝氏蓝)的生成(鉴定 Fe^{3+} 的反应)。

在 $FeCl_3$ 溶液中加入 KSCN 溶液,观察血红色 $[Fe(SCN)]_x^{3-x}$ 的生成。然后再加入 0.1mol/L NH_4F 溶液,观察有何变化?试加以解释。

分别试验铁氰化钾 $K_3[Fe(CN)_6]$ 溶液和亚铁氰化钾 $K_4[Fe(CN)_6]$ 溶液与 2ml 0.1mol/L NaOH 溶液的作用,观察现象。

(2) 钴的配合物在 $CoCl_2$ 溶液中加入 0.5ml 戊醇,再滴加 1mol/L KSCN 溶液,振荡,观察水相和有机相的颜色变化。这一反应用来鉴定 Co^{2+}。

在少量 $CoCl_2$ 溶液中加入少量醋酸酸化,再加少量 KCl 固体和少量 KNO_2 溶液,微热,观察黄色 $K_3[Co(NO_2)]$。沉淀生成。这叫反应可用来鉴定 K^+。

在少量 $CoCl_2$ 溶液中加入少许 NH_4Cl 热后滴加浓氨水,观察黄褐色 $[CO(NH_3)_6]Cl_2$ 络合物的生成。

$$CoCl_2 + 6NH_3 \cdot H_2O = [Co(NH_3)_6]Cl_2 + 6H_2O$$

静置一段时间或加入几滴体积分数为 3% H_2O_2 溶液,观察配合物颜色的改变 $[Co(NH_3)_6]Cl_2$ 不稳定,在空气中或遇 H_2O_2 易被氧化为橙红色的 $[Co(NH_3)_6]Cl_3$。

(3) 镍的配合物:在 $NiSO_4$ 溶液中加 6mol/L $NH_3 \cdot H_2O$ 溶液,观察沉淀的生

成,在加入 6mol/L $NH_3 \cdot H_2O$ 溶液至沉淀刚好溶解,观察产物的颜色,然后把溶液分成 4 份:一份加 1mol/L H_2SO_4,一份加 2mol/L NaOH 溶液,一份加水稀释,一份加热。观察有何现象?写出与之相应的反应方程式。

在 2 滴 0.1mol/L $NiSO_4$ 溶液中,加入 5 滴 2mol/L $NH_3 \cdot H_2O$ 溶液,再加入 1 滴质量分数为 1% 二乙酰二肟溶液,观察鲜红色沉淀生成。此反应可用以鉴定 Ni^{2+} 离子。

6. 氯化钴水合离子颜色的变化 用玻璃棒蘸取 0.1mol/L $CoCl_2$ 溶液在白纸写上字,晾干后,放在火旁小心烘干,观察字迹变蓝。$Co(H_2O)_6^{2+}$ 是粉红色,无水 $CoCl_2$ 是蓝色。

7. 离子鉴定 已知溶液中含有 Fe^{2+}、Co^{2+}、Ni^{2+} 三种离子,设计一方案,分别鉴出它们。

五、注意事项

1. 在鉴别 Cr^{3+}(或 Cr_2O_7)试验中,最后加时要加足量,使成酸性。

2. CoS、NiS 沉淀一旦生成由于自身结构的变化便不再溶于稀酸。

3. $[Co(NH_3)_6]Cl_2$ 为棕黄色,$[Co(NH_3)_6]Cl_3$ 为棕红色,试验中要仔细观察颜色的变色

六、思考题

1. 综合试验结果,比较 2 价铁、钴、镍还原性的大小和 3 价铁、钴、镍氧化性的大小。

2. 为什么在碱性介质中,2 价铁极易被空气中的氧氧化成 3 价铁?

3. 怎样从 $Fe(OH)_3$,$Co(OH)_3$ 和 $Ni(OH)_3$ 制得 $FeCl_3$,$CoCl_2$ 和 $NiCl_2$?

4. 怎样鉴别 Fe^{2+},Fe^{3+},Co^{2+},Ni^{2+}。

5. 比较 $Fe(OH)_3$,$Al(OH)_3$,$Cr(OH)_3$ 的性质。怎样利用这些性质把 Fe^{3+}、Al^{3+}、Cr^{3+} 从混合溶液中分离出来?

 # 实验二十五 铜、银、锌、镉、汞

一、实验目的

1. 了解铜、银、锌、镉和汞的氢氧化物的性质。

2. 了解铜、银、锌、镉和汞的配合物的形成和性质。

3. 了解铜、银、锌、镉和汞的离子的分离和鉴定。

二、实　验　原　理

在周期ⅠB与ⅡB族元素中,重要的元素是铜、银、锌、锡、汞。铜的化合物与锌的化合物性质相似,银、镉、汞三元素化合物的性质相近似。

1、铜、锌

(1) 氧化物和氢氧化物　CuO(黑色):Cu_2O(红色)　ZnO(白色)

$Cu(OH)_2$、$Zn(OH)_2$是两性氢氧化物,尤以$Zn(OH)_2$的两性更突出,溶于强碱生成配合物。

$$Cu(OH)_2 + 2OH^- = \left[Cu(OH)_4\right]^{2-} (深蓝色)$$

$$Zn(OH)_2 + 2OH^- = \left[Zn(OH)_4\right]^{2-}$$

它们受热脱水,分别生成CuO和ZnO。

(2) Cu^{2+}和Cu^+的转化;铜的元素电位图是

$$Cu^{2+} \underline{\quad 0.157 \quad} Cu^+ \underline{\quad 0.52 \quad} Cu$$

因为可见Cu^+不稳定,容易按下式发生歧化反应:

$$2Cu^+ = Cu^{2+} + Cu \qquad K = 10^{6.08}$$

因为Cu^{2+}为弱氧化剂,当有Cu或其他还原剂存在的条件下,在能生成难溶的亚铜盐时才能被还原。例如将$CuCl_2$溶液与铜屑(和$NaCl$混合后)加热可生成白色的氯化亚铜$CuCl$沉淀。

又如Cu^{2+}溶液中加入KI时,Cu^{2+}被I^-还原得白色CuI沉淀。

$$2Cu^{2+} + 4I^- = 2CuI\downarrow + I_2$$

(3) 配合物　Cu^{2+}可与Cl^-、NH_3形成稳定程度不同的配离子,Cu^{2+}大都以dsp^2杂化轨道成键,形成平面正方形的内轨型配合物。

Zn^{2+}的配离子几乎是以sp^3杂化轨道成键,形成四面体外轨型配合物。

Cu^+能与卤离子(除F^-外),CN^-,SCN^-等离子形成$\left[CuX_2\right]^-$型配离子,但需在过量的配位剂存在时,上述配离子才稳定。这些离子用水稀释时,将形成CuX沉淀,例如:

$$2\left[CuCl_2\right]^- \longrightarrow 加水稀释 2CuCl\downarrow + 2Cl^-$$

2. 银、镉、汞　Ag^+、Cd^{2+}、Hg^{2+}离子都是无色的,由它们组成的化合物一般也是无色的,但需Ag^+、Cd^{2+}、Hg^{2+}离子都是具有18电子外客,离子半径大,极化力强,变形性较大,它们能与易变形的负离子发生较强的极化作用,以至它们形成的化合物往往有很深的颜色和较低的溶解度。例如:

Ag_2S黑色(难溶),HgS黑色(难溶),CdS黄色(难溶)

AgI 黄色(难溶)，HgI$_2$红色(极微溶)，CdI$_2$黄绿(可溶)

Ag$_2$O 棕色(难溶)，HgO 红色或黄色(极难溶)，CdO 棕灰(难溶)

（1）氧化物和氢氧化物：Ag$_2$O、HgO、Hg$_2$O(不稳定立即分解为 HgO、Hg 故为黑色)和 CdO 都难溶于水和碱，而易溶于 HNO$_3$[HgO,CdO]也可溶于盐酸。

AgOH、Hg(OH)$_2$、Hg$_2$(OH)$_2$、Cd(OH)$_2$都是碱性占优势的，特别是 AgOH 接近于强碱性。AgOH、Hg(OH)$_2$、Hg$_2$(OH)$_2$、Cd(OH)$_2$很不稳定，从溶液析出沉淀后，立即分解为它们的氧化物。

$$2Ag^+ + 2OH^- \longrightarrow AgOH \longrightarrow Ag_2O\downarrow + H_2O$$

$$Hg^{2+} + 2OH^- \longrightarrow Hg(OH)_2 \longrightarrow Hg(HO)_2\downarrow + H_2O$$

$$Cd^{2+} + 2OH^- \longrightarrow Hg_2(OH)_2 \longrightarrow Hg_2O\downarrow + H_2O$$

（2）Hg^{2+} 与 Hg$_2^{2+}$ 的转化：Hg$_2^{2+}$盐在一定条件下也可发生歧化反应。例如 Hg$_2$Cl$_2$ 与 NH$_3$反应，先生成氨基氯化亚汞 Hg$_2$NH$_2$Cl 白色沉淀，Hg$_2$NH$_2$Cl 进一步歧化为氨基氯化汞 HgNH$_2$Cl 白色沉淀和黑色 Hg

$$Hg_2Cl_2 + 2NH_3 = Cl—Hg—Hg—NH_2\downarrow + NH_4Cl$$

$$Cl—Hg—Hg—NH_2 \longrightarrow Cl—Hg—NH_2\downarrow + Hg\downarrow$$

由于有 Hg 析出，故显黑色，这一反应可以用来鉴定 Hg$_2^{2+}$离子。Hg$_2$I$_2$(黄绿色)在过量的 KI 溶液中也会发生歧化反应，生成 [HgI$_4$]$^{2-}$ 和 Hg。

（3）配合物：Ag$^+$和 Hg^{2+}都可形成配位数 2(sp 杂化轨道成键)的直线型和配位数为 4(sp^3 杂化轨道成键)的四面体型配合物。Ca^{2+}主要形成配位数为 4(sp^3 杂化轨道成键)的四面体型配合物。

Ag$^+$和 Cl$^-$、Br$^-$、I$^-$、SCN$^-$、CN$^-$形成配位数为 2 或 4 的配合物，Hg^{2+}也能与它们形成[HgX$_4$]型的稳定配合物。

难溶于水的 AgCl，AgBr，AgSCN，AgI 和 AgCN 都能溶于具有相同离子或溶于与 Ag$^+$配位能力更强的盐溶液中，汞盐也有这种相似性质。例如：

$$AgCl + Cl^- \Longrightarrow [AgCl_2]$$

$$AgBr + 2S_2O_3^{2-} \Longrightarrow [Ag(S_2O_3)_2]^{3-} + Br^-$$

$$HgI_2 + 2I^- \Longrightarrow [HgI_4]^{2-}$$

Ag$^+$、Cd^{2+}、可与过量氨水作用，分别生成型配合物离子[Ag(NH$_3$)$_2$]$^+$和[Cd(NH$_3$)$_4$]$^{2+}$，但 Hg^{2+}与过量氨水作用时，在大量 NH$_4^+$存在条件下，并不生成配合物而生成氨基氯化汞 HgNH$_2$Cl 白色沉淀。

Ag$^+$、Cd^{2+}、Hg^{2+}形成配合物时，随配体浓度不同，可形成一系列中间型配合物，例如 Hg^{2+}与 Cl$^-$存在下述平衡：

$$[HgCl]^+ \Longrightarrow [HgCl_2] \Longrightarrow [HgCl_3]^- \Longrightarrow [HgCl_4]^{2-}$$

三、实验用品

（1）仪器:离心机

（2）药品:Cu 屑

1）酸:2mol/L HCl 溶液。

2）碱:NaOH 溶液(20mol/L,6mol/L)、NH$_3$·H$_2$O 溶液(2mol/L,6mol/L)。

3）盐:0.1mol/L CuSO$_4$ 溶液、0.1mol/L ZnSO$_4$ 溶液、0.1mol/L KI 溶液、KCNS 饱和、K$_4$[Fe(CN)$_6$]10%、1mol/L CuCl$_2$ 溶液、0.1mol/L AgNO$_3$ 溶液、0.1mol/L Cd(NO$_3$) 溶液、0.1 mol/L Hg(NO$_3$)$_2$ 溶液、0.1mol/L Hg$_2$(NO$_3$)$_2$ 溶液、0.1mol/L HgCl$_2$溶液、0.1mol/L KBr 溶液、0.1mol/L Na$_2$S$_2$O$_3$溶液。

4）其他:淀粉溶液、二苯硫腙、四氯化碳、10% 葡萄糖溶液。

四、实 验 内 容

（一）铜和锌

1. 铜和锌的氢氧化物

（1）在 3 支试管中,各取 6 滴 0.1mol/L CuSO$_4$溶液,观察沉淀的生成。其中两支试管分别加入 2mol/L HCl 溶液和过量的 6mol/L NaOH 溶液,将另 1 支试管加热,观察各试管中产生的现象。

（2）在 2 支试管中,各取 5 滴 0.1mol/L CuSO$_4$溶液,并分别加入 2mol/L NaOH 溶液观察沉淀的生成,然后分别加入 2mol/L HCl 溶液和过量的 6mol/L HCl 溶液,观察各试管中产生的现象。

2. 铜和锌的配合物　分别于两支试管中加入 10 滴 0.1mol/L CuSO$_4$溶液和 0.1mol/L ZnSO$_4$ 溶液,加入 6mol/L NH$_3$·H$_2$O 溶液制取它们的配离子,并分别加入 2mol/L NaOH 溶液,观察有无沉淀重新产生。

3. +2 价铜的氧化性和+1 价铜的配合物

（1）取两支离心管,分别加入 5 滴 0.1mol/L CuSO$_4$溶液,20 滴 0.1mol/L KI 溶液,离心沉降,分离,于清液中检查是否有 I$_2$存在。把沉淀用蒸馏水洗涤二次,观察又有沉淀的颜色。

取一份沉淀,加入饱和 KI 溶液至沉淀刚好溶解,然后再用水稀释,观察沉淀又析出,试解释之。

另取一份沉淀,加入饱和 KNSC 溶液至沉淀刚好溶解,然后再用水稀释,观察沉淀又析出,试解释之。

（2）取 10 滴 0.1mol/L CuCl$_2$溶液于一小试管中,加入 3~4 浓 HCl,再加入少

许铜屑,加热至沸,待溶液呈泥黄色,停止加热。取出少量这种溶液并用水稀释,观察是否有白色沉淀产生。解释现象,写出反应方程式。

4. Cu^{2+} 和 Zn^{2+} 的鉴定

(1) Cu^{2+} 的鉴定:取 2 滴 0.1mol/L $CuSO_4$ 溶液滴于点滴板上,加 2 滴 10% $K_4[Fe(CN)_6]$ 溶液,$K_4[Cu(CN)_6]$ 红褐色沉淀生成,表示 Cu^{2+} 存在。

(2) Zn^{2+} 的鉴定:取 2 滴 0.1mol/L $ZnSO_4$ 溶液,加 6mol/L NaOH 溶解,再加 10 滴二苯腙,水溶液呈粉红色示有 Zn^{2+} 存在。

(二) 银、镉、汞

1. 银、镉、汞的氧化物和氢氧化物　在 4 支试管中,分别加入 5 滴 0.1mol/L $AgNO_3$、0.1mol/L $Cd(NO_3)_2$、0.1mol/L $Hg(NO_3)_2$ 和 0.1mol/L $Hg_2(NO_3)_2$,再加数滴 2mol/L NaOH,观察有无沉淀产生重新和沉淀的颜色。说明每支试管中的沉淀是氧化物还是氢氧化物。

2. 和氨气的反应

(1) 取 5 滴 0.1mol/L $AgNO_3$ 逐滴加入氨水,观察沉淀的产生。继续滴加 2mol/L $AgNO_3$ 氨水,观察沉淀的溶解,然后加入 2 滴 2mol/L NaOH 溶液,观察有无沉淀产生。解释原因,并写出反应方程式。

(2) 取 5 滴 0.1mol/L $Cd(NO_3)_2$ 溶液,用 6mol/L $NH_3 \cdot H_2O$ 按照(1)的方法操作,解释观察到现象,写出反应方程式。

(3) 取 5 滴 0.1mol/L $HgCl_2$ 溶液,滴加 2mol/L $NH_3 \cdot H_2O$,观察沉淀的产生,再加过量的 2mol/L $NH_3 \cdot H_2O$,观察沉淀是否溶解,解释观察到现象,写出反应方程式。

(4) 取 5 滴 0.1mol/L $Hg_2(NO_3)_2$ 溶液,加数滴 6mol/L $NH_3 \cdot H_2O$,观察沉淀产生,再加过量的 6mol/L $NH_3 \cdot H_2O$,观察沉淀是否溶解?解释观察到现象,写出反应方程式。

根据上面实验比较银、镉、汞的盐类与氨水的反应有什么不同?

3. 银和汞的其他配合物

(1) 取 5 滴 0.1mol/L $AgNO_3$ 溶液,加 10 滴 0.1mol/L KBr 溶液,观察沉淀的颜色,离心分离,弃去清液,在沉淀中逐滴加 0.1mol/L $Na_2S_2O_3$ 溶液,搅拌,观察沉淀是否溶解,解释观察到现象,写出反应方程式。

(2) 取 5 滴 0.1mol/L $Hg(NO_3)_2$ 溶液,加 10 滴 0.1mol/L KI 溶液,观察沉淀的颜色,再加过量 KI 溶液,观察沉淀是否溶解,解释观察到现象,写出反应方程式。

(3) 取 5 滴 0.1mol/L $Hg_2(NO_3)_2$ 溶液,加 10 滴 6mol/L KI 溶液观察沉淀产生,再加过量的 KI 溶液,观察沉淀是否溶解?解释观察到现象,写出反应方程式。

(4) 银镜的制备:在 1 支洁净的试管中,加 2ml 0.1mol/L $AgNO_3$ 溶液,滴加

2mol/L $NH_3 \cdot H_2O$ 至起初生成的沉淀刚刚溶解,然后家 3 滴 10% 葡萄糖溶液,将试管于水浴中加热,试管内壁即有一层光亮的金属银生成(如何洗下管壁上的 Ag)。

五、注 意 事 项

1. $HgCl_2$ 为有毒物质,使用时注意安全。
2. $CuCl_2$ 溶液与铜屑在浓盐酸存在下加热,时间需长些,否则有时现象不明显。

六、思 考 题

1. $Cu(OH)_2$ 和 $Zn(OH)_2$ 具有哪些性质?
2. $ZuSO_4$ 和 $CdSO_4$ 溶液中,各加少量或过量氨水溶液,将分别产生什么?
3. 银、镉、汞盐溶液中,加入氨水能否得到相应的配合物。

 # 实验二十六　氯化亚铜的制备与性质

一、实 验 目 的

1. 掌握 $Cu(I)$ 与 $Cu(II)$ 互变的性质与条件。
2. 了解 $Cu(I)$ 化合物的一般制法。

二、实 验 原 理

在水溶液中,+1 价铜不稳定,很容易歧化为 +2 价铜和单质铜,也可被氧化为 +2价铜。欲使其稳定,必须形成沉淀或配合物。通常制备氧化亚铜化合物的方法有以下 3 种。

1. +2 价铜盐与金属铜在有过量 $Cu(I)$ 配位体存在的情况下进行反歧化反应,生成 $Cu(I)$ 的配合物,如合成氨工业中所用铜洗液的形成即是按下式进行的:

$$Cu(CH_3COO)_2 + Cu + 4NH_3 = 2[Cu(NH_3)_2](CH_3COO)$$

2. 在有 $Cu(I)$ 沉淀剂存在下还原 $Cu(II)$,如:

$$2Cu^{2+} + 4I^- = 2CuI \downarrow + I_2$$
$$2Cu^{2+} + 4CN^- = 2CuCN \downarrow + (CN)_2$$

这 2 式中,还原剂同时又是沉淀剂,这种方法在经济上并不合理。

3. 利用 $Cu(I)$ 在干态 $CuCl_{(熔)}$ 高温下稳定这一性质来制备,如国外 CuCl 的工业生产方法：

$$2Cu + Cl_2 = 2CuCl$$

这种方法需要较苛刻的设备条件。所以，在有 $Cu(I)$ 配体或沉淀剂存在下，使用易得还原剂将 $Cu(II)$ 还原就显得十分有意义。本实验依据下式完成 CuCl 制备：

$$2CuSO_4 + Na_2SO_3 + 2NaCl + H_2O = 2CuCl + 2Na_2SO_4 + H_2SO_4$$

反应过程中需及时除去体系中因反应进行生成的 H^+，使反应环境尽可能维持在弱酸或近中性条件下，以使反应进行完全。为此，使用 Na_2CO_3 作为 H^+ 消除剂。显然 Na_2CO_3 的加入最好与还原剂 Na_2SO_3 同步进行（为什么？）。另外，反应的加料顺序，最好是将 Na_2SO_3-Na_2CO_3 混合液加入到 Cu^{2+} 的溶液中，否则将因发生以下反应而难得到 CuCl：

$$2Cu^{2+} + 5SO_3^{2-} + H_2O = 2[Cu(SO_3)_2]^{3-} + SO_4^{2-} + 2H^+$$

纯的氯化亚铜为白色四面体结晶，遇光变褐色，熔点 703K，密度为 3.53g/ml，熔融时呈铁灰色，置于湿空气中迅速氧化为 $Cu(OH)Cl$ 而变为绿色。氯化亚铜多用于有机合成和染料工业的催化剂（如丙烯腈生产）和还原剂，石油工业脱硫与脱色剂，分析化学的脱氧与 CO 吸收剂等。

三、实 验 用 品

(1) 仪器：台秤，电磁搅拌器，滴液漏斗，抽滤装置等。

(2) 药品：$CuSO_4 \cdot 5H_2O$(s)、Na_2SO_3(s)、NaCl(s)、Na_2CO_3(s)、0.5mol/L H_2SO_4 溶液、HCl 溶液（体积分数 1%）、0.5mol/L NaOH、乙醇、铁粉。

四、实 验 内 容

1. 氯化亚铜制备　在台秤称取 25g$CuSO_4 \cdot 5H_2O$ 和 10g NaCl 置于一只 400ml 烧杯中，加 100ml 的水使其溶解。另取 7.5g Na_2SO_3 和 5g Na_2CO_3 共溶于 40ml 水中，将此混合液转移至 150ml 滴液漏斗中，把 $CuSO_4$-NaCl 混合液置于电磁搅拌器上，开启搅拌，使 Na_2SO_3-Na_2CO_3 混合液缓慢滴入其中，控制滴加速度以所需时间不低于 1 小时为好。加完后，继续搅拌 10min。抽滤，滤饼以质量分数为 1% 的 HCl 溶液洗涤，然后用驱氧水（如何制得？）冲洗 3 次，最后用 15ml 乙醇冲洗。合并母液与洗水，进行无害化处理。

2. 废液无害化处理　废液中含有金属铜离子，对环境有危害，请你利用提供的试剂，定方案使废液中的铜离子被除去并加以回收。回收铜后的废液可以排放。

3. 氯化亚铜的性质　取 CuCl 样品少许,分别试验其与稀硫酸、NaOH、浓盐酸的作用情况,写出相应反应方程式,并解释现象。

五、思　考　题

1. 如果将硫酸铜-氯化钠混合液往亚硫酸钠-碳酸钠混合液滴加,将会出现什么样的结果?

2. 请拟定提高 $CuSO_4$ 利用率的合理方案。

（海力茜·陶尔大洪）